JN017443

量子の不可解な偶然

L'Impensable Hasard
Non-localité, téléportation et autres merveilles quantiques

非局所性の本質と量子情報科学への応用

共立出版

Nicolas GISIN:
"L'IMPENSABLE HASARD : Non-localité, téléportation et autres merveilles quantiques"

Préface d'Alain ASPECT

This book is published in Japan by arrangement with Éditions Odile Jacob,
through le Bureau des Copyrights Français, Tokyo.

Japanese language edition is published by Kyoritsu Shuppan Co., Ltd.

日本語版への序文

ニコラ・ジザン

このたび，私の著書『量子の不可解な偶然』の日本語版序文を書くことになり，大変嬉しく，光栄に思います．本書は10年ほど前にフランス語で書かれたものですが，それから様々なことがありました．それでもなお，本書の内容は今でも正確で，適切なものだと自負しています．もちろん，この間には実験の上でも理論の上でも多くの進展がありました．以下，これらの進展を簡単にまとめてみたいと思います．

今日，量子技術は世界的に非常な勢いで発展しており，あらゆる国の政府機関がそのベストな研究支援策を模索しています．日本の量子技術イノベーション拠点[1)]もその一例でしょう．量子物理の研究者たちが説明するまでもなく，これらの政府機関がその重要性を理解するようになったことは，本当に驚くべきことです．さらには，（日本の企業も含む）多くの起業家や大企業がこの量子技術のトレンドの波に乗り，巨額の研究資金を投資するようになっています．まさに大変革であり，私自身これに貢献できたことには大きな満足感を覚えています．日本の研究者たちも，この発展に極めて大きな貢献をしてきました．

この間の実験上の最初の大きな進展として，第9章の節「検出効率の抜け穴」で述べた（不完全な）検出効率によって生じる抜け穴の問題を解決した実験が挙げられます．これには私も貢献しましたが，実験そのものは友人であるイリノイ大学のポール・クウィアト教授の研究室で行われました [1,2]．さらに2015年には，3つの異なるグループが「検出効率の抜け穴」と「局所性の抜け穴」を同時に塞ぐことに成功しました [3–5]（第9章参照）．これは驚嘆すべき成果です．この3つの実験がほぼ同時に行われたという事実は，その背後に互いの研究を刺戟し合う競争があったことを物語っています．

1) https://qih.riken.jp/

一方，理論的な面では，2 つ以上の物体が関わる非局所性は，「ネットワーク型非局所性」と呼ばれる非常に活発な研究分野となりました（第 10 章参照）．やや意外なことに，三角ループ構成におけるネットワーク型非局所性の最初の非自明な例が見つかったのはようやく 2019 年のことであり [6]，現在でもなお，実験ができるほどノイズに対する耐性のある例は知られていません．これは研究者にとっては朗報と言えるでしょう．なぜなら，まだまだ多くの発見の余地があることを示しているのですから．

最後になりますが，本書で説明されている種々の事柄は，その潜在的な応用性もあって，現在，猛烈な勢いで研究が進められているものです．しかしより重要なのは，量子物理学が提示する極めて魅力的で現代的な自然観にあると考えています．量子の偶然性と非局所性によって形作られるのは，科学の基礎そのものなのです．この日本語版を読んだ方々が，それぞれに興味深い発見をされることを願っています．

2021 年 10 月 19 日　　ジュネーヴにて

目　次

コラム目次

訳者まえがき

本書はニコラ・ジザンによる“L'Impensable Hasard: Non-localité, téléportation et autres merveilles quantiques”の全訳である．本書を一貫するテーマは，量子物理学の最も不思議な性質の一つである**量子もつれ**（エンタングルメント）にある．これは，遠くにある物体同士を空間を跳び越えて「もつれさせる（entangle）」性質と言える．量子もつれは，1935年のアインシュタイン，ポドルスキー，ローゼン（EPR），さらにはシュレーディンガーの論文に端を発するが，その真価が明かされたのは1964年のベルの論文においてである．いわゆるベルの定理がそれであり，それはこの世界——とりわけ量子もつれの現象——を，我々が抱く素朴な実在論で理解することはできないという大発見を導くものであった．読者はその名を聞いたことがなくとも，昨今のニュースで見聞きする量子コンピュータや量子暗号，量子テレポーテーションといった最先端の応用技術は，実はすべてこの量子もつれが要となっていると聞いて驚かれるのではないだろうか．

原子や素粒子などの極微の世界を記述する量子の世界では，対象としているモノがそこに本当に存在しているという，私たちが深く信じて疑わない物理的実在性が曖昧になる．それだけでなく，物理的影響の局所性——ものごとの変化は空間の1点からその隣の点へと連続的に伝わること——も必ずしも成り立たない．つまり，私たちが日常生活の上で常識としている**局所実在性**が，実は原理的には成立していないという意外な状況にあるのが，現代の物理学なのである．

これらの事実は遠く離れた2点の間で同時測定した結果の関係性から検証され，その根柢には量子の**非局所相関**と呼ばれる性質がある．身近な例で説明すると，2枚の同じコインを用意してそれぞれ東京とニューヨークで，同時に投げるとしよう．個々の結果は「表」か「裏」かのどちらかだから，両者を合わせると「表・表」，「表・裏」，「裏・表」，「裏・裏」の4つのどれかになり，それはまったく偶然によるものだと考えられよう．ところが同じことを量子の世界（例えば電子にはこの「表」「裏」に対応するスピンの自由度がある）で行うと，ある状況の下では，その結果は「表・表」か「裏・裏」のどちらかにしかならないのだ．つまり，東京でコインをどのような方法で投げたとしても，その結果はニューヨークで投げたコインの結果と常に一致しているのである．もしニューヨークでコインを投げた結果が，何らかの方法で空間を連続的に伝播して東京に伝わり，これを受けて東京で投げられたコインも同じ結果を出す（ニューヨークと東京の役割を入れ替えてもよい）ように仕組まれているのであれば何ら不思議はないが，そのような伝達を介する媒体を排除することは可能であり，また実際に見あたらない．

実のところ，この不思議な現象は 2 枚のコインをまったく同時に投げたとしても確認されることであり，また結果を誰かが都合良く操作するようなことも現実にはできそうにない．そうであれば，このコイン投げの結果は，過去のある時点で 2 枚のコインに生じた何らかの共通の原因によって決まっており，それが結果として「表」を生じさせるにせよ「裏」を生じさせるにせよ，コインの物理的な性質としてあらかじめ実在していたと考えるしかないだろう．ベルの定理は，この共通原因による説明の可否を実験的に検証できることを示すものであった．そして驚くべきことに，量子物理学に現れる量子もつれは，先に述べた直接の影響伝播を含めて，この共通原因の伝播では説明できないことが，その後，行われた多くの実験によって判明した．これが量子の非局所相関と呼ばれる性質であり，このような不思議な相関が，量子コンピュータなどの 21 世紀の革新的な量子情報技術を現実のものにしようとしているのである．

私たちを取り巻くこの自然界 —— 身近な地上で起こる物事から時空を超えてはるか彼方の宇宙で生じる事象まで —— をどのように理解するかという「自然観」の上でも，また現在，起こりつつある技術革新の本質を理解する上でも，これほど重要な性質であるにもかかわらず，この量子の非局所相関の重大性と本当の意味は，必ずしも多くの人々に理解されているとは言えない．本書の著者も述べているように，現代はニュートンによる近代科学の革命以来の新たな革命の最中にあると言えるが，むしろその渦中にいるがゆえに，その実相が私たちには見えにくくなっているのかも知れない．

本書は，この量子の非局所相関はどのように理解できるのか（それともできないのか），そしてそれが私たちに何をもたらすかについて，数式を使わずに直感的に，かつ正確に伝えようとするものである．もちろん，それは生易しいことではない．近年，本屋の棚には「量子」という流行のキーワードを冠した啓蒙書が溢れているが，その中には読者の目を惹くために量子の不可解さを不必要に誇張するだけでなく，不正確な記述によって誤解を招くようなものさえある．その背景には，局所実在性の否定という，有史以来の自然観の大転換があらゆる哲学的議論を呼び起こし，科学と妄想の間の境界を曖昧にしていることが挙げられよう．しかし量子の世界の表面的な奇怪さに煽られたり惑わされたりすることは，自然界の真相を探り，確固たる新しい自然像を獲得する上で，正しい道筋とは言えない．

1990年頃から始まった現代の量子革命は，量子情報科学の勃興と発展がその大きな要因であるが，幸いなことに，これを支える量子物理学では理論と実験の両面の研究が手を携えて，互いを刺戟しながら進められている．科学の進歩には，まず現象を緻密に観察した上でそれらを貫く法則の理論的仮説を作り，それを実験的に検証することが王道であり，現在，科学研究の姿として理想的な状況に近いのがこの量子物理学の分野なのである．

本書の著者のジザンは，まさにこの王道を実践する理論と実験の研究グループを率いて，量子テレポーテーションの成功や量子暗号通信の実用化などで次々に画期的な成果を出してきた世界的研究者の一人である．彼は非局所相関を合理的に理解するため，様々な仮説を比較検討した結果，その多くを捨てて彼自身の考えにたどりついた．その経験が本書の議論を説得力のあるものにし，かつ彼の実験室で観察された現象を通して，私たちに量子の非局所相関の姿がリアルに伝えられる．このような現場を知るプロ中のプロが生々しい議論を展開する書籍は，これまで類例がない．

本書の特色は，この点に留まらない．原著タイトル「不可解な偶然（L'Impensable Hasard)」（英訳版タイトルでは「量子の偶然（Quantum Chance)」）が示すように，量子の非局所相関と偶然性（ランダム性）とを結びつける著者ならではの新しい視点が提示されているからである．この偶然性とは，前に述べたコインの例で言えば，投げた「表」，「裏」の結果が，見かけではなく真の偶然の結果として現れることを言う．一般に偶然性という概念は曖昧さを含むものである．例えば，コインを投げる際の物理的状況（投げ手の運動や空気の状態など）を完全に把握できれていれば，原理的にはコインの軌道運動が計算でき，投げた結果も確実に予言できるだろう．もしそうであれば，コイン投げの結果は見かけだけの偶然性であり，真の偶然性ではないことになる．その場合，少なくとも原理的には，コインを投げる前の状況を正確に知り，それに合わせて投げ方を操作することで任意の結果を生み出すことができる．そうだとすれば，東京でコインの「表」，「裏」の結果を意に沿った形で生成すれば，量子の非局所相関によって常に同じ結果となるニューヨークのコインを観察することで，メッセージ（適当な数の「表」，「裏」を組み合わせた情報）を東京からニューヨークに送れることになるだろう．それも瞬時に！

これは光速を超えて影響が伝わらないとするアインシュタインの相対性理論に矛盾するだけでなく，原因と結果に基づく自然科学の大前提である因果律を覆してしまいかねない．しかし非局所相関はコインではなく電子などのミクロの物理系で見られるものであり，そこでの結果は真の偶然によるものである．そしてそれが複数の遠隔地に同時に生じる**非局所的な偶然性**こそが量子の非局所相関の特徴なのであり，それゆえ自然科学を顛倒させるような帰結にはならないのだとジザンは主張する．このことを端的に表している一節を本書第３章から引用しておこう：

> そこで，アインシュタインのように「神はサイコロを振らない」と主張するのではなく，「なぜ神はサイコロを振るのだろうか？」と問うてみよう．その答えは，そうすることによって初めて，伝送を伴わない通信を許すことなく，自然界が非局所的になり得るからというものである．

なおこの考えは，量子物理と相対性理論とを「平和的」に共存させるものであり，世界で初めて局所実在性を否定する確定的な検証実験に成功したアスペも，本書の「はしがき」でこの考えを支持している．

科学は本来，専門家の多数決で決まるべきものではない．大事なのは読者個人が，非局所相関によって本当に局所実在性は否定されねばならないか，またこのことと量子の真の偶然性との関連について，この本を読んで深く考えてみることである．そうすることで，一見，相対性理論に反するような仮説まで考慮に入れて実験的に検証するといったジザンの最近の研究についても，その意図を理解することになるだろう．そのような研究の最前線を知る上でも，本書は貴重なものになっている．

なお，この本は必ずしも数式の扱いに慣れていない一般向けに書かれたものであるが，理系の読者にはむしろ数式を用いた方が理解しやすい場合もあるだろう．そのような読者に向けて，巻末に量子物理における非局所実在性について，やや詳しい解説を付けることにした．アインシュタインらによるEPR パラドックスと，ベルによるベル定理の説明がそれであるが，本書で述べられた現代的なアプローチを補完するために，より標準的な議論の道筋をたどるとともに，それらとジザンの考え方との関連についても触れておいた．本書の内容と併せて，この解説が多少なりとも読者の理解の輔けになれば幸いである．

ここで忙しい読者のために，本書の読み方をいくつか提示しておこう．まず量子もつれやベルの定理の基本的な事項やその本質を知りたいという読者は，第1章「前菜」を読み，第2章「量子相関と非局所相関」にチャレンジしていただきたい．著者も認めるように，第2章は本書の中核を成すものであり，最も理解のハードルが高い．その理由は，量子の非局所性の姿を誤魔化さずに正確に描いているからである．つまり，ここで述べられた微妙で不思議な性質が我々の住む自然界に潜んでいるのであって，これを知らずして量子物理を理解することはできない．そして，常に「なぜこの世界はこのように創られているのだろうか」といった素朴な疑問を抱きながら読み進めれば，知らず知らずにハードルを越えることができよう．実際のところ，この問いは研究者が最先端で問い続けているものであり，これに一つの答えを提供するのが本書の狙いなのである．その後は読者の興味に応じて，好きな章を拾い読みしてもよいだろう．例えば量子もつれの応用に興味のある読者は，第7章「応用」の乱数発生や量子暗号，第8章の「量子テレポーテーション」に進むことができるだろう．また量子もつれの本質に納得のいかない読者には，第9章「自然は本当に非局所的なのか」が参考になる．

他方，ベル定理や量子情報科学に一定の知識のある読者は，第6章以降の興味のある章を自由に選んで読んでいただければと思う．とりわけ，第9章の非局所性に対する様々な考察や第10章「非局所性の新しい展開」は，量子物理の研究者でも一読の価値があるだろう．事実，本書ほど徹底して非局所性の抜け穴，とりわけ未知の超光速影響による伝播の可能性を吟味したり，不思議な非局所相関の応用を通じてこの世界を理解する方法を論じる類書は見当たらない．この本は，じっくり全体を読み進めるうちに自ずから新しい考えである量子の非局所性の理解を深められるようにデザインされている．本書を熟読することで，現在，起きている自然科学の大変革の意義をより深く理解することになるだろう．

なお，翻訳にあたっては本書の内容に関わる原論文も参照しながら，木村と筒井が協同で訳出作業を行った．幸運なことに，著者のジザン氏には我々の質問に丁寧に答えるだけでなく，最新の情報を含む序文を寄せていただき，加えて巻末の訳者解説にも貴重なコメントをいただいた．また東京大学の佐々木寿彦氏には量子技術イノベーション拠点など，国内の最新の情報のご教示を得た．さらに訳者らの学生たちによる素朴な質問や議論は，訳文をわかりやすく改める上で大いに参考になった．最後に，共立出版の日比野元氏と菅沼正裕氏には企画から翻訳，タイトルの選定に至るまで細部にわたってお世話になった．皆様に心より感謝を申し上げたい．

令和4年7月　訳者識

量子の不可解な偶然

非局所性の本質と量子情報科学への応用

謝　辞

本書を書き上げるにあたり，興味深いやりとりをしてくれたすべての学生と共同研究者に思いを馳せています．初版を読んで批評してくれた方々，特にフランス語版の編集者であるニコラ・ウィトコフスキー氏，英訳を担当してくれたスティーブン・ライル氏に感謝します．本書は，彼らの忍耐と技量の賜物です．また，私の研究室に惜しみなく資金を提供してくれたスイス国立科学財団とヨーロッパにおける関係者の皆さん，そして快適な職場を提供してくれたジュネーヴ大学にも謝意を表します．最後に，このような物理学の刺戟的な時代に生を享け，それにささやかながら貢献する機会を与えてくれた神の摂理に感謝したいと思います．

はしがき

アラン・アスペ

「一目惚れ！」(Love at first sight!) というのが，まさにニコラ・ジザンがベルの定理と出会った際の気持ちだったようです．これを知って，私は1974年のある秋の日を思い出しました．私は当時，まだあまり知られていなかったジョン・ベルの論文を夢中で読んでいましたが，その日，実験によって量子力学の解釈をめぐるボーアとアインシュタインの論争に決着をつけられることを理解したのです．アインシュタイン，ポドルスキー，ローゼン (EPR) によって提起された問題は，一部の物理学者の間では知られていましたが，ベルの不等式について聞いたことがある人はあまりいませんでした．ましてや，量子力学の基本的な概念にまつわる問題に注目する価値があるなどと，まともに考えている人はほとんどいなかったと思います．1935年に物理専門誌フィジカル・レビュー (*Physical Review*) に掲載されたEPR論文は，大学の図書館で簡単に手に取ることができました．それに比べてベルの論文は，創刊されたばかりで誰も聞いたこともないような（そしてわずか4号だけで廃刊になった）専門誌に掲載され，それを手に入れるのは困難でした．インターネットのない時代なので，メジャーな専門誌に掲載されていない論文を読むためには，複写を入手するしか方法がありません．私の場合は，ベルナール・デスパーニア[a] がアブナー・シモニー[b] をオルセー光学研究所に招いた際に，研究所の若き教授クリスチャン・アンベールが作成した資料から，ようやくベルの論文の複写を手に入れることができました．ベルの考えに魅了された私は，直ちに博士課程の学位論文のテーマにベルの不等式の実験的検証

---

a) 訳注：ベルナール・デスパーニアは理論物理，科学哲学の研究者で，パリ郊外のオルセーにあるパリ南大学教授を長く勤めた．

b) 訳注：アブナー・シモニーはボストン大学教授で，量子力学の基礎に関する研究を専門とし，特にベルの不等式（本書第2章で登場するCHSH不等式）の仕事で知られる（第5章脚注jも参照）．

を選ぶことを決意しました．そしてその私をアンベール先生は快く研究室に受け容れてくれたのでした．

ベルの（感動するほど明快な）論文を読んだ私は，実験家につきつけられた重要な課題が何であるかを理解しました．その課題は，量子もつれ（エンタングル）[c] した粒子のペアが発生してから，それぞれの測定地点に到達するまでの間に，偏光の検出器の向きを切り換えること（本書第9章の「局所性の抜け穴」参照）でした．これを実現することは，相対性理論の因果律 —— 物理的効果が光の速さを超えて伝わることを禁止する原理 —— によって，偏光板の向きの選択が粒子の放出や測定に影響を与えてしまう可能性を排除するために必要だったのです．量子力学とアインシュタインの自然観の間には相容れない対立点がありますが，もしこの実験が成功すれば，それが何によって生じるかを精査することができるはずでした．アインシュタインは「局所実在性」（local realism）の考えを信奉していましたが，それは2つの原理から成っています．1つは，あらゆる物理系には**物理的実在性**があるという（ごく常識的な）原理です．もう1つは**局所性**の原理とでも呼ぶべきもので，物理系で起きる事象は，相対論的な意味で「空間的に」離れている別の物理系での事象からは，一切の物理的影響を受けないことを主張するものです．なぜなら，そのような「空間的に」離れている事象間に影響を及ぼすには，光速を越えた通信が必要になるからです．最終的には，我々の実験により，量子力学の予言（つまり，局所実在性を否定する結果）の方が正しいことが判明しました．そのため，物理学者はアインシュタインが深く信奉した自然観である局所実在性の考え方を放棄せざるを得なくなったのです．しかし，それではいったい実在性と局所性のどちらを放棄しなければならないのでしょうか？

物理的実在性の概念を放棄すべきだという考えは，私には納得できません．というのは，物理学者の役割は，単に測定装置から出てくる結果を予測する

---

c) 訳注：英語で「もつれ」や「絡み合い」を意味する用語 “entanglement” は量子物理の鍵となる概念であって本書でも頻出するが，これに対する和訳としては「量子もつれ」，「量子絡み合い」あるいは「エンタングルメント」が使われることが多い．本書の訳出にあたっては，これらの中で現在，最も標準的に用いられている「量子もつれ」を採用し，また形容詞や動詞として用いられた場合は，単に「もつれた」，「もつれる」等とした．

だけでなく，自然界の実在の姿を正しく記述することにあると思われるからです．ところが，もしこの点で量子力学の正しさが確証されたならば —— それは現在ではほとんど確実だと思われますが —— アインシュタインの相対論的因果律の原理を破るかのような，非局所的な相互作用の存在を認めなければならなくなるのでしょうか？　さらにこの量子の非局所性をうまく利用して，光より早く，例えばどこかのランプを点灯させたり，証券取引所で注文を入れたりすることができるようになってしまうのでしょうか？　これらを防ぐのに必要なのが，**量子の基本的な非決定性（ランダム性）**という量子力学のもう１つの特徴です．これは，測定結果に複数の候補（可能性）があるときには，必ず特定の結果が生じるように影響を与える（操作する）ことはできないという性質です．確かに量子力学を使えば，測定結果の確率を非常に精確に計算することができますが，その確率は同じ実験が何度も繰り返される場合に統計的な意味を持つに過ぎません．そのため，ある測定を行った際に実際にどの結果が出るかまでを予言することはできないのです．（相対論に反する）超光速通信は，この量子の基本的なランダム性があるがゆえに，禁止されるのです．

量子物理学の最新の進展を紹介する啓蒙書は多くありますが，このジザンの本が他書と決定的に違うのは，この量子の基本的なランダム性が果たす重要な役割を詳しく説明している点にあります．実のところ，もし量子のランダム性がなければ，いつの日か超光速の電信機が作られることになるでしょう．仮にそれが現実のものとなったならば，この空想科学小説のような大発明によって，今日の物理学は根本的な見直しを迫られることになります．もちろん，物理法則にはいかなる改定も許されない万古不易なものがあるべしと言いたいわけではありません．むしろ私は，すべての物理学の理論は，いつかはより適用範囲の広い理論に取って代わられると確信しています．しかし物理理論の中には，その改定によって概念的な革命が非常に広範囲に及んでしまうような，極めて根本的なものもあります．私たちは皆，科学史を通じてそのような革命が何度かあったことを知っていますが，それらは例外的なものであり，決して軽々しく想定されるべきものではありません．この本のとりわけ重要な特徴は，量子の非局所性が —— それがいかに特異なものであれ —— なぜ超光速通信を禁止する相対論的な因果律の原理を覆すことはないのかを明らかにしている点にあるのです．

本書が他の啓蒙書とは一線を画して，この点の立場を明確にしていることは不思議なことではありません．というのも，ジザンは，20 世紀最後の四半期に起こった新しい量子革命を支えた中心人物の一人なのですから．20 世紀初頭に起きた第一の量子革命は，波動と粒子の二重性の発見に基づくものでした．これにより，物質を構成する原子や，金属や半導体中の電流を伝える多数の電子，光線の中の莫大な数の光子などの統計的な振る舞いを正確に記述する方法が与えられました．また古典物理学は，互いに引き合う正と負の電荷で構成されている物質がなぜ潰れないのかさえも説明することができませんでしたが，量子物理学によって，固体の力学的性質を（なぜそれが安定して存在するかを含めて）理解できるようになりました．量子力学は，物質の電気的・光学的性質を定量的に正確に記述し，超伝導や素粒子の奇妙な性質のような驚くべき現象を説明するのに必要な概念的枠組を与えてくれます．この第一の量子革命の成果として，物理学者たちはトランジスター，レーザー，集積回路（IC）のような，今日の情報社会を築くことになった新しいデバイスを発明することができたのです．ところが 1960 年代に入ると，物理学者たちは第一の量子革命の時代には脇に追いやられていた新たな問題を追いかけるようになりました．それらは以下の 2 つの問題です：

- 純粋に統計的な予言しかできない量子物理学を，単一の微視的（ミクロ）な対象に適用するにはどうすればよいのか？
- 1935 年の EPR 論文で議論された**量子系のもつれたペア**の持つ未だ観測されたことのない驚くべき性質は，本当に自然界に生じるのだろうか．それともこの点において，量子力学はその適用限界に達してしまったのだろうか？

これらに対する回答は，まずは実験家により与えられ，そして理論家によって整ったものに作り上げられましたが，このことが，第二の，そして現在進行中の量子革命をもたらすことになったのです（例えば [7,8] を参照)．

単一の量子的な対象がどのように振る舞うかに関する問題は，それまでも物理学者の間で活発に議論されるテーマの 1 つではありました．しかしながら，長い間，物理学者の大半はこの問題にほとんど意義を見出すことはなく

—— どのみち単一の量子的な対象を制御したり操作したりすることはおろか，それを観測することすら考えられなかったので —— 重要な問題ではないと考えていたのです．このことに関してエルヴィン・シュレーディンガーはこう述べています [9]：

> 動物園でイクチオサウルス（絶滅した魚竜）を飼育していないのと同じように，私たちは単一の粒子を扱っているわけではないのだ．

ところが 1970 年代以降，実験家たちは電子，原子，イオンなどの単一の微視的物体を観測し，操作し，制御する様々な方法を開発してきました．私は 1980 年にボストンで開かれた原子物理学の国際会議で，ピーター・トシェックが世界で初めて捕捉された単一のイオンの画像を発表したときの熱狂ぶりを今でもよく覚えています．その画像は，レーザーを照射されたイオンが放射する蛍光の光子を直接観測したものでした．それ以来，実験の進歩によりエネルギーの量子的な飛躍（不連続な遷移）が直接観測されるようになり，何十年にもわたった論争に幕が下ろされたのです．また量子力学は，それによって計算される確率を正しく解釈しさえすれば，単一の量子的な対象の振る舞いを完全に記述できるものであることが示されました．さて，もう 1 つの量子もつれの問題については，まずは光子のペア（光子対）を用いて量子力学の予言が検証されました．そしてその後の一連の実験によって，ベルのような理論家が夢見た確実な検証のための理想的な状況に徐々に近づきつつあります．量子力学の予言がどれほど驚くべきものに思えても，これらの実験はそれが正しいことを一貫して示し続けているのです．

ジザンは 1980 年代に光ファイバーに関する研究を行う応用物理学グループを組織しながらも，個人的には量子力学の基礎理論に興味を持ち続けました（ただし，当時はまだこの種の問題を追究することの意義が必ずしも認められていなかったため，上司には内緒で，少なくとも目立たぬように研究しなければなりませんでした）．したがって，ジザンが光ファイバーを用いた光子対の量子もつれを最初に検証した一人となったことは，ごく自然な流れだったといえるでしょう．光ファイバー技術に精通した彼は，ジュネーヴ周辺の商用通信網を使って，数十 km 離れていても量子もつれが保持されることを実証しました．これは他ならぬ実験家たちにとっても驚くべきことでした！　彼は，概念的に単純ないくつかの実証実験を通して，遠く離れた事象間に生じる量子もつれの真に驚くべき特徴を引き出すことに成功し，さらには量子テレポーテーションのプロトコルを実装するのに成功しました．ジザンは，量子力学の基礎における理論家としての能力と，光ファイバーの専門家としての技能を結びつけることで，量子暗号や真の乱数生成などに量子もつれを応用した最初の一人となったのです．

このような才能が組み合わさって得られた成果は，魅力ある本書の随所に見ることができます．本書は，量子物理学のわかりにくい問題を，数学を用いずに，科学には縁遠い一般の読者にも理解できるように説くことに成功しています．本書では，量子もつれ，量子の非局所性，そして量子のランダム性が説明され，その数々の応用が紹介されています．さらに本書は単なる啓蒙書の域を超えるものになっており，量子物理の専門家でさえも，これらの現象についての深い考察やその帰結の本質に関する有益な議論を見出すことでしょう．著者も指摘するように，それらは未だに物理学者自身も十分に咀嚼できていない難題なのです．局所実在性が実験により反証されたことで，物理的実在性か局所性のいずれかを放棄することが迫られているように見えます[2)]が，この問題に関しては，私はジザンと同じ考えを持っています．つまり，どれほど局所実在性という概念が整合的であり，知的に満足のいくものであったとしても，それを2つに切り分けて，そのうちの1つだけを保持することは，明らかに整合的でもまた満足できるものでもないのです．では，時空間の中で局在化した物理系が，（相対論的な意味で）空間的に離れた別の物理系で起きることに影響されるのであれば，どのようにそれ自身の実在性を定義することができるのでしょうか？　これに関しては，本書ではより穏当な解決策が提案されています．それは，量子の基本的なランダム性の存在を考慮に入れれば，非局所的な物理的実在は，アインシュタインが大切にした相対論的な因果律と平和的に共存することができる，というものです．この点において，たとえこれらの問題に精通している物理学者であっても，本書から考えさせられることは多いでしょう．また，専門家ではない読者も，量

---

2) ここでは自由意志の存在を否定するという自暴自棄な解決策は採らないことにしたい．さもなければ，人間は神のみぞ知るラプラスの決定論の指示に支配される操り人形になってしまうから．

子もつれや量子の非局所性の深遠さを理解するにつれて，この問題の核心に導かれ，それらを取り巻く問題の機微を知ることになるでしょう．これらの事柄が，世界的な第一人者[3]の手によって，ここに明快に解説されているのです．

2012年5月　　パレゾーにて

3) ジザンは2009年に，量子力学の基礎問題とその応用に関する研究で，第1回の名誉あるジョン・スチュワート・ベル賞に選ばれている．

はじめに

もしあなたがニュートンの科学革命の時代に生きていたならば，そのときに何が起こっているかを知りたいと思わなかっただろうか？　今日の量子物理学は，それと同じくらい重要な科学概念の革命をもたらしており，私たちはその渦中にいるのだ．本書は数学を用いずに，しかし概念的な難しさを包み隠すことなく，いま何が起こりつつあるかを理解できるように書かれている．数学は，仮説から導かれる結果を吟味し，その予言を精確に計算するためのものだが，物理学の偉大な物語を伝えるためには，必ずしも必要ではない．物理学の面白さは数学ではなく，その概念にこそあるのだ．だから本書は数式を駆使せずに，物理を**理解する**ことを目的にしている．

本書の中には，頭を絞って懸命に考えなければならない箇所もある．全員が何かしらを理解するだろうが，誰一人としてすべてを理解するということはないだろう！　というのも，この分野では理解の意味そのものが，曖昧さの影をまとっているのだから．そうではあるが，本書を通して誰もが現在進行中の科学概念の革命の少なくとも一部を理解し，それによって喜びが得られると断言したい．そのためには，すべてが明確になるわけではないことを素直に受け容れるとともに，よく言われるような「そもそも物理を理解することなど不可能なのだ」といった立場も取らないようにしたい．

難しすぎると感じる箇所に出会ったら，先を読み進めてくれればよい．後の方で何かしら理解のヒントが得られるかもしれない．もしかしたら，そのような箇所は，私が物理の研究者仲間（彼らも本書を愉しんで読むだろう）のために書き入れた専門的な注意に過ぎないかもしれない．だから必要に応じて，後からその箇所を読み直せばよい．大切なのはすべてを理解することではなく，全体を見渡すことにある．最終的には，数学を使わずとも量子物理学のかなりの部分を理解できることがわかるだろう．

しばしば量子物理学は，まわりくどい解釈と曖昧で哲学的な議論の対象とされてきた．そのような事態に陥るのを避けるため，本書ではごく常識的な考えだけを拠り所に話を進めることにしよう．科学の実験では，物理学者は外面に現れた実在を問題にする．物理学者は，その際に何が問われるべきか，またその問いをどの段階で発するかを決める．そしてその答えを得たとき，例えば小さな赤い光という形で答えが得られたとき，その光が本当に赤いのか，それともある種の幻想に過ぎないのか，といったことは考えない．答えは「赤い」であり，ただそれだけだ．

いくつかの章にはちょっとした逸事が差しはさまれている．また，重要な事柄は異なる文脈で繰り返し述べられるが，その有用性は私が教師としての経験から学んだものである．最後に，本書に述べられている歴史は，必ずしも正確を期したものではないことを記しておく．輝かしい先人たちに関する話は，プロの物理学者として30年間に培った個人的な印象からのものに過ぎない．

本書について

幼いころに私たちは，手の届かない物体に触れるには2つの方法しかないことを学んだ．1つは赤ん坊のように目標に向かって自ら這って移動すること，もう1つは棒のような長い物を手に入れて手の届く範囲を広げることだ．やがて私たちは，他にもっと洗練された方法があることを知る．例えば，郵便ポストに手紙を投函することだ．手紙は郵便配達員によって集められ，人の手や機械によって選別される．続いて，大型トラック，電車，飛行機などによって運ばれ，最終的に封筒の宛名の人物へと配達される．インターネット，テレビ，その他の日常的な多くの例から，離れている物体間のやりとり(相互作用）や通信は，結局のところ，何らかの仕組みで空間の1点から隣の点に連続的に伝わるものであることがわかる．その仕組みがどんなに複雑なものでも，少なくとも原理的には，時空間の中の1つの連続的な軌跡に沿って伝わるのだ．

ところが，私たちが直接知覚できない（ミクロな）世界を対象としている量子物理学は，空間的に離れた2つの物体を，ときには一体の存在と見なさなければならないことを主張している．事実，そのような物理系では —— その構成要素が互いにどれほど離れていようと —— そのどれか1つを突くとまるで両方が震えるかのように振る舞うと言うのである．しかし，そんなことが信じられるのだろうか？　それを検証することはできるのだろうか？　またそれをどのように理解すべきだろうか？　この遠く離れても一体として振る舞う性質を使えば，その奇妙な効果を遠隔地間の通信に利用することはできないのだろうか？　これらが，本書で答えようとする中心的な疑問なのである．

本書を通じて私が読者に伝えたいことは，この世界には，空間の点から点へと連続的に伝わる相互作用では説明できない現象があるという魅惑的な発見である．自然界には，いわゆる非局所相関が紛れもない事実として存在する．読み進むにつれて，読者は逃れようのないランダム性，相関，情報，さらには自由意志といった概念に出会うことだろう．そして，物理学者がどのようにしてこの非局所相関を作り出すのか，それがどのように完全に安全な暗号通信に利用できるのか，またこの不思議な相関をどのように量子テレポーテーションに使うのかを知るだろう．本書のもう 1 つの狙いは，科学的方法とは何かを解説することにある．まったく直感に反するものが実際には正しいということを，人はどのようにして納得することができるのだろうか？ そのような思考の枠組を変革し，概念的な改革を受け容れるのに必要な証拠とは，いったいどのようなものであろうか？ 一歩離れて見てみると，量子の非局所性の物語は，実際にはむしろ単純でとても人間的なものであることがわかる．私たちはまた，空間的に遠く離れた 2 つの地点において，それらをつなぐ経路に沿って何事も伝えずに，偶発的な（逃れようのなくランダムな）事象を自然界が引き起こすことを見るだろう．ところが，この他ならぬランダム性こそが，非局所性をいかなる形でも通信に利用できないことを保証し，それによって，相対性理論の基本原理の 1 つである超光速通信の禁止との矛盾から免れることができるのだ．

私たちは驚くべき時代に生きている．物理学はまさに，私たちの最も深い直感，すなわち物体は遠く隔たって「相互作用」できないことが誤りであることを発見した．ここで「相互作用」に括弧を付けたのは，その正しい意味を後ほど明確にすることを心に留めておくためだ．物理学者は量子物理の世界，すなわち原子，光子やその他の非常に不思議な物体の住む世界を探求している．この革命に無関心でいることは，ニュートンやダーウィンと同じ時代を過ごしながら，彼らの革命に無関心であり続けるのと同じくらい残念なことだろう．と言うのも，いま現在，起きつつある概念的革命は，それらに劣らず重要なものであるからなのだ．この革命は，古くから私たちの培ってきた自然像を完全に覆すばかりか，必ずや数々の手品のような新たな技術革新をもたらすことになるだろう．

第 2 章では，問題の核心である「相関」の概念を，ベル・ゲームと呼ばれるある種のゲームを通じて説明する．ここで読者は，空間を点から点へと伝わる相互作用の伝搬だけでは説明できない（不思議な）相関が存在することを知ることになる．この章は，量子物理学への言及がないにもかかわらず，その後の話にとって決定的に重要となるだろう．そのため，この章を理解することが一番難しいと感じるかもしれないが，本書の後の部分がその理解を助けてくれるだろう．

続いて私たちは，ベル・ゲームに実際に勝つことができるという事実に，どのように対峙すべきかを問う．実際，このゲームに勝つことは一見，不可能なことに思われるのだ．ところが，量子物理学はこのゲームに勝てることを主張する．その上で，真のランダム性とは何か（第3章），さらには量子系がクローン（複製）不可能である事実（第4章）について学ぶことになる．引き続く2つの章では，量子物理学の奇妙な理論的側面を紹介する．はじめに量子もつれの理論について述べ，次に，関連する実験の話に進む．そうすることで，**この世界は非局所的である**という避けられない結論に到達する．

しかし，この結論を受け容れる前に，本当にそれは避けられないものなのか，深く考えておかなければならない．第9章では，局所的な自然界という描像を救い出すために，これまでに物理学者が考えた想像力に富んだ試みを概観する．これらの話は今でもホットな内容を含んでおり，まさに量子物理学における最前線の話題になっている．ひいては，物理学者というものの生来の巧妙さを描き出すことにもなろう！ 第10章でも，現在進行中の魅力的な研究について述べることにする．この章は，読者を科学研究の最先端に連れて行くことになるだろう．

何の役に立つの？

——最もよく聞かれる質問がこれだ．それは，あたかも直ちに役立つこと以外はしてはならないようにも聞こえる．こんな質問には「映画を見に行くのは何の役に立つの？」とでも問い返したくなる．ただ，私は映画を見るためには料金を払うが，好きな研究を行うことで逆に報酬を得ていることは認めよう．だから政治的により穏当な答えを用意する必要があろうが，率直に言ってしまえば，私にとってのベストな答えは，研究がとても魅力的だから，というものだ．応用物理学の研究室を主宰する私は，何も新しい装置を発明しようと思って毎朝ベッドから跳び出るわけではない．私は単に物理学に魅了されているのだ．純粋に自然を理解すること，とりわけ，いかにして自然が非局所相関を作り出すことができるかを理解することだけで，十分な研究の動機になる．それではなぜ，そんな私が応用物理のグループで研究しているのか？　単なるご都合主義か？　実のところ，根柢にある研究の動機が諸概念の理解を深める基礎研究であったとしても —— おそらくはそうであればこそ —— 応用研究に携わるべき確固たる理由があるのだ．というのも，この種の新しい概念は何かしらの結果を伴うものだからである．その1つは，実用の上で新しい可能性を拓くことである．概念が革新的であればあるほど，その応用も斬新なものになる．しかし話はそれで終わらない．応用の可能性に携わることの大きな強みは，まさに背後にある概念を検証する道具を持つことにあるのだ．加えて，ひとたび応用されるようになると，誰もその概念に異議を唱えることはできなくなる！　現実に機能している応用を下支えする概念の妥当性を，誰が否定することができようか？

量子の非局所性の物語は，この応用の意義についての素晴らしい実例となっている．量子もつれや非局所性といった考えは，その応用がわかるまでは多くの物理学者に相手にされず，純粋に哲学的な問題であると中傷すらされていた．1991年以前にこの研究を望んだ誰もが，勇気とある種の大胆さを要求されたのである[4)]．今日では，誰しもがこの研究の結果に注目しているが，当時はこの種の研究に学術研究職のポストが割り当てられることはほとんどなかった．もちろん，現在でもこの分野の研究室に資金を提供している政府が関心を持つのは，その根柢にある概念よりも量子技術の方であるが，重要なのは，これらの研究室の学生がこの新しい物理学を実際に学んでいるということなのである．

なお，すでに商用化されている2つの応用である量子暗号と量子乱数生成については第7章で紹介する．第8章では，最も驚くべき応用である量子テレポーテーションについて述べることにしよう．

4) アラン・アスペが研究を始めた頃，ジョン・ベルに会いに行き，ベルの理論を実証する実験を考えていることを打ち明けた．その際のベルの反応は「君は常勤ポストに就いているのかい？」というものだった．ベルは自身の経験から，若い物理学者が科学界の主流派から侮蔑されているテーマに取り組む危険性を十分承知していたのである．

1

前　菜

本書の主題に入るまえに，まずはお膳立てとなる 2 つの短い物語から始めよう．1 つは過去に起こった本当の話，もう 1 つは，現在はまったくの作り話だが，近い将来実現されるかもしれない物語．

ニュートン —— 大いなる不条理

誰もがニュートンの万有引力（重力）の理論を，一度は耳にしたことがあるだろう．すべての物体は互いに引き合っており，その引力の大きさは物体の質量と物体間の距離で決まるというものだ（ここでは重要でないが，より正確に言えば，引力の大きさは距離の二乗に反比例する）．例えば，地球は太陽からの引力と遠心力が釣り合うように引き合っており，その結果，地球は太陽の周りをほぼ円軌道で周回している．他の惑星もそうだし，地球の周りを廻る月も，さらには銀河団の中心を周回する銀河全体も同じである．

地球と月を考えよう．そもそも月はどのようにして —— 遠くにある地球の質量と地球からの距離によって決まる力で —— 地球に引っ張られているに違いないことを知るのだろうか？　さらに言えば，月は，地球の質量と地球からの距離をどのようにして知ることができるだろうか？　「本書について」で述べた赤ん坊の例のように，何かしらの物差しを使っているのだろうか？あるいは，小さなボールのようなものを投げて確認しているのか？　それとも，何か特別な仕組みで通信を行っているのか？　これらは一見，子供っぽい問いだと思うかもしれないが，実は極めて深刻な問題なのである．実際，この問いはニュートンの大きな好奇心を掻き立てることになった．万有引力という仮説は，ニュートン自身が発見して彼に大きな名誉をもたらしたにもかかわらず，健全な精神ではまともに捉えることができないような「大いなる不条理」を含んでいたのである（BOX 1 を参照）．

ここではとりあえず，ニュートンの直観は実際に正しかったことを記しておこう．実のところ，この概念的な溝を埋めるような満足のいく答えが提示されるまでには，数世紀の年月と，アインシュタインという天才が必要だったのだ．今日の物理学者は，重力や荷電粒子間に生じる相互作用は，遠距離間でまったく瞬間的に働くというものではないことを知っている．むしろ，相互作用はある種の媒介物の交換により生じるのだ．上に述べた「小さなボール」という推測も，あながち間違いではなかった．これら媒介物は小さな粒子であり，物理学者はそれらに固有の名前を付けている．重力の媒介物は重力子（graviton），電磁気力の媒介物は光子（photon）と呼ばれている．

こうしてアインシュタイン以来，物理学は自然を局所的な実体の集まりとして捉えてきた —— 力の相互作用は空間の隣接する点から点へと連続的にしか伝わらない．そのような考えは確かに私たちの抱く自然観によく馴染むし，そしてニュートンも腑に落ちるものであったろう．ところが今日の物理学は，もう 1 つの理論的基盤である，原子や光子の世界を記述する量子物理学にも基づいているのだ．アインシュタインもまた，その発見に貢献した一人であった．1905 年にアインシュタインは，光電効果と呼ばれる現象を光の粒のような光子の照射によるもの —— ビリヤードの球同士が直接接触することで力学的な力を及ぼすように，光子が金属表面の電子をはじき出すことで生じるもの —— として解釈した．ところがその後，量子力学の定式化が完成

BOX 1

ニュートン

重力は，物質の生来のものであり，固有で本質的な性質であって，それゆえその作用や力が次々と伝達されるような媒介物を何ら通さずに，真空中を遠隔的に作用する —— このような考えは，私にとっては大いなる不条理（so great an absurdity）であり，哲学的な事柄をまともに考える能力を持つ人ならば，決して受け容れることはできないものだと思う[a] [10].

a) 訳注：この文章はニュートンが古典学者ベントレーに宛てた手紙の抜粋である．万有引力は遠隔作用によるものとしているにもかかわらず，その力の伝達の仕組みについてはニュートン自身が深い疑念を抱いていたことを窺わせるものとして有名．

するやいなや，アインシュタインはこれに批判的な態度をとるようになっていく．彼はこの奇妙で新しい理論が，またしても新たな装いで遠隔作用を導き入れていることに気づいたからであった [11]．3 世紀前のニュートンと同じく，アインシュタインはこの仮説を不条理なものとして拒絶し，それを奇怪な遠隔作用（spooky action at a distance）と呼んだ．

今日では，量子力学は現代物理学のまさに中核を成す基礎として確立されている．ところがこの理論は明らかに —— ニュートンを悩ませた非局所性とはかなり違うものの，アインシュタインが不快感を抱くような —— ある種の非局所的な性質を含んでいる．そしてこの量子の非局所性は，現実に実験によって検証されている事実なのである．しかも，それは暗号技術への応用が期待されており，量子テレポーテーションという驚くべき現象をも可能にするのだ．

風変わりな非局所電話

ここで，ちょっとした SF（サイエンス・フィクション）のような作り話をしよう．ここで話すことは，それほど遠い未来のことではなく，実のところ，近いうちに科学技術の進歩によって実現できることなのだ．二人の話者をつなぐ「電話」を想像してもらいたい．慣習に従って二人を，アルファベットの最初の二文字に対応するように，アリス（Alice）とボブ（Bob）と呼ぶ．よくあることだが，ノイズがひどく，通信状態はかなり悪い．いや，アリスはボブが伝えようとすることが何もわからないほどに悪いのだ．彼女が聞き取れることは，連続的なノイズのようなもの —— chzukscryprrskrzypczykrt... だけである．ボブも同じノイズ —— chzukscryprrskrzypczykrt... しか聞こえない．いくら受話器に叫んでも，それをいじくりまわしても，部屋を歩き回っても何の改善もみられない．なんてイライラするんだ！ こんな器具を使って通信することなんてできやしない．これは電話と呼ぶに値しない．

そうそう，言い忘れたが，アリスとボブは物理の研究室の学生なのだった．彼らはそれぞれの受話器から聞こえるノイズを 1 分間にわたって録音することにした．そうすれば，アリスはボブに，彼女が聞き取れなかったのはこのノイズのせいだと証明できるし，ボブもまた然りだ．ところが驚いたことに，録音した二人のノイズは完全に一致していたのである．二人の録音機はデジタルなので，それぞれの記録情報がまったく同じであることが確認できる．これはいったいどうしたことだ！　もしかしたら，ノイズの発生源が電話交換士のところか，それとも電話回線のどこか途中にあったのではないだろうか．完全に同期したノイズがアリスとボブに同時に到達していたから，ノイズ源は電話回線のちょうど真ん中に位置していたと考えられる．

彼らは自分たちの仮説，つまり，ノイズの原因はおそらく電気的な欠陥であり，彼らをつなぐ電話回線のちょうど中間地点にあることを検証することにした．まずアリスは，自分の回線に長いケーブルを付け加えてみた．そうすれば，ボブから受け取るノイズはボブが受け取るものよりも少しだけ時間的に遅れることになるはずだ．しかし，そうはならなかった！　結果は何も変わらなかった．回線の両端で依然として同じノイズを受け取るだけでなく，それらは完全に同期したままだったのだ．そこで，ボブは思い切って電話回線を切断してみた．なんと，それでもなお二人のノイズは同期し続けたのだ！

この現象をどのように説明できるだろうか？　受話器につながっているワイヤーは，電話を紛失しないように部屋につないでおくだけのものなのか？受話器だと思ったものは，何らかの理由でワイヤーで壁につながれた携帯電話だったのだろうか？　それともノイズは，二人の受話器と受話器の中間にある何かの発生源からではなく，受話器自身が発生させたものなのだろうか？2つの受話器に同じノイズを発生させたのは，どこか遠い銀河の爆発だったのだろうか？　さていったい，これらの仮説をどうやって検証できるのだろうか？　電磁波について詳しいボブは，ファラデーケージ，つまりすべての電波を遮断する金網の籠の中に受話器を入れてみた．しかし，それでもノイズは持続する．アリスは，互いにもっと遠くに離れてみることを提案した．そうすれば，二人の受話器がノイズを受け取る仕組みが何であれ，接続の質が低下して最後には消えるだろう．しかしそれでもなお，いくら遠く離れてもノイズの大きさに何の影響もみられなかったのである．

そこでアリスとボブは，最終的に次のような結論に達する．すなわち，彼らの受話器にはあらかじめ長い一連のノイズが内部に録音されていて，両者が受話器を取るとそれが自動的に再生される．その結果，定まったノイズが刻々と正確な時間に発生するのだ．そう考えれば，2つの受話器でいつもまったく同じノイズが発生することに何の驚きもない．

現象の科学的説明に成功したことに気をよくした二人は，この新しい発見を研究室の先生に伝えることにした．先生は，その報告を評価してくれた上で次のように述べた．「電話の受話器が，何らかの共通の原因，つまり，事前に録音された同じノイズを2つの受信器で発しているという君たちの仮説の正否は，実際に検証できるんだよ．ベル検証（Bell test）と呼ばれるものがそれだ．」　ベル検証，あるいはベル・ゲームの詳細は次の章において紹介するが，ここではとりあえず，アリスとボブが急いでそれぞれの家に戻り受話器のベル検証を行った結果，彼らの考えの正しさの証明に失敗したことを記しておこう．検証実験は繰り返し行われたが，結果はいつも同じであった．2つの受話器に共通の原因があるという仮説は，かくして実験により否定されたのだった．

アリスとボブは，その現象の仕組みがさっぱりわからず途方に暮れてしまう．あらかじめ録音されたものでないのであれば，いったいぜんたいどのようにして，遠く離れていても，また互いに通信もせずに，それぞれの受話器に同一のノイズを発生させることができるのだろう．結局のところ，彼らはいくら考えてもこの現象を説明する仕組みを思いつくことができず，再び先生に相談することにした．先生曰く「それは無理もないよ．だって，仕組みなんかないんだから．この現象は機械的に生じるものではなく，量子物理の性質によるものなのだよ．ノイズはランダムに生成される．しかも，それは『真に』ランダムなものなのさ．個々のノイズは，受話器がそれらを純粋に生み出すまでは存在すらしていない．それだけではなく，この量子のランダム性は，例えば君たち二人の受話器で起きたように，複数の場所に同時に現れることもできるんだよ．」

「でも」とアリスは叫ぶ．「そんなことは不可能だわ．2つの受話器が遠くに離れるほど，受信したシグナルは小さくならなければならないわ．そうでなければ，どんなに離れていても通信ができることになってしまう．」

「それだけではない」とボブは付け加える．「完全な同期を行うには，光の速さを超えて，好きなだけ速い通信ができなければならないはずだけれど，それは不可能だ．」

しかし先生は動じない．「君たちは，どんなに受話器に向かって叫んでも，動きまわっても，受話器を振ってみても，ノイズは変わらなかったと言ったね．つまり，同じノイズが両側でランダムに発生するということは，裏返せば，それを使って情報を伝えることはできないことになる．相手は，こちらが何をしているのかを知ることは絶対にできないのさ．」　最後に先生は結論づける．「だから，アインシュタインの相対性理論と矛盾することはないんだよ．君たちは，光を超えた通信は存在しないということを再確認したのさ．」

アリスとボブは言葉を失った．この風変わりな「電話」は情報伝達に使うことができないので，見た目は電話に見えても，本当の電話ではない．しかし，どのような仕組みで，通信もせずに，事前の合意もなしに，いつも両側で同じノイズを出すようになっているのだろうか？　複数の異なる場所に同時に現れることのできる「真の」ランダム性なるものが意味することは何だろうか？　少しばかりの沈黙の後，ボブはようやく我に返る．「でも，これが本当に起こっていることだとしたら，この現象を何かに利用することはできるはずだよ．だとしたら，それがどのように動作するかを理解するまで，あれこれ色々なものを作っていじくりまわしてみよう．結局のところ，電気の仕組みも，ボールを回転させると軌道が変わることも，今まで理解してきたことのすべてはそうやって学んできたんだから．」

これには先生も同意する．事実，この現象は乱数の生成にも，量子暗号として知られている秘匿性が保証された安全な通信にも，そして量子テレポーテーションにさえ利用することができることが知られているのだ．しかしその前に，本書の中心的なテーマである非局所性について理解しなければならない．そのために，まずは相関の考え方を説明した上で，ベル・ゲームについて述べることから始めよう．

2

局所相関と非局所相関

非局所相関（nonlocal correlation）は本書の中心となる概念だ．私たちはこの概念が，真のランダム性，つまり本質的に予言することのできない事象と密接に関わることを知るだろう．ランダム性，すなわち偶然とは何かという問いは，それ自体とても興味深いテーマである．しかしここで考えるのは，さらに加えて非局所的なランダム性である．これら（非局所性と真のランダム性）はまったく新しい概念であり，驚くべきものであって，革命的でさえある．これらの意義を理解するのは簡単ではないので，この章が本書の中で最も難しいものになるかもしれない．もし難しいと感じても，残りの部分を読み進めれば追々とわかってくるだろう．物理学者は，非局所相関と真のランダム性が本当に存在することを自ら納得するために，ベル・ゲームと呼ばれるちょっとしたゲームを考え出した．物理学者というのは本当に大きくなっても子供のままで，おもちゃをバラバラにして，その動く仕組みを知ろうとすることを決して止めないものなのだ．

このゲームを紹介する前に，まずは相関とはどのようなものかについて述べておこう．科学の本質は，現象の間に相関を見つけ，これに説明をつけることにある．ベルの言葉を借りれば，「相関は説明を強く求める」のである [12]．まず，相関の簡単な例を出して，それがどのように説明できるかを考えてみる．そうすると，実際に可能な説明はごくわずかの種類しかないことがわかるだろう．さらに，説明を局所的な考え方に限定するのであれば，つまり空間を点から点へと連続的に伝わる仕組みだけを考えるのであれば，実のところたった 2 種類しかないことがわかる．

ベル・ゲームは特定の相関を調べるために使われる．このゲームは，二人の参加者が協力することで最大の得点を目指すものだ．そのルールは非常にシンプルで，すぐにでも遊ぶことができるのだが，非局所的な得点の計算を飲み込むのは，最初は難しく感じるかもしれない．実のところ，ゲームで遊ぶことよりも，ゲームの仕組みを理解することの方が重要だ．そうすることによって，私たちは非局所相関や，現在進行中の概念的革命の核心に迫ることができるのだ．

それではまず最初に，相関とは何かから話を始めよう．

相　関

私たちは日々，何らかの結果を伴う選択をしている．ある選択とその結果が，他のものよりも重要になることもある．

結果は自分の選択だけで決まることもあるが，多くの場合，他の人の選択にも依存する．そのような場合，選択の結果は互いに独立したものではなく，相関を持つことになる．例えば，夕食の献立は，地元のスーパーの商品価格に影響されるだろうし，その価格は，様々な状況下で他の人が決めている．だから，同じ地域に住んでいる人たちの献立は互いに似通う傾向があり，お互いに相関関係があると言えよう．新鮮なほうれん草が特売されていれば，どの家の献立にもほうれん草が現れやすくなるということだ．献立に関する相関は，周囲の人の選択に影響されることもある．どこかで長い列を見かければ，現場に行って何がそれほど人を惹きつけているのか確認したくなる人もいるだろうし，逆にその列を避けようとする人もいるだろう．どちらの場合にしても人の行動には相関があり，前者は正の相関が，後者は負の相関があることになる．

極端な例を考えてみる．再び隣人のアリスとボブにご登場願おう（彼らは，先に話した風変わりな電話の物語の学生と似た役割を演じる）．彼らの夕食の献立は，毎日，完全に一致しているものとしよう．つまり，両者の献立は完全相関しているのだ．いったいどうしたら，こんな相関関係を生じさせることができるだろう？

真っ先に考えられることは，ボブがアリスの献立をそのまま真似している可能性だ．逆にアリスがボブの献立を真似ているのかもしれない．つまり，この相関の仕組みを説明するための第一の候補は，一方の事象が他方の事象に影響を及ぼしているとするものである．実はこれが正しい説明かを実際に検証する方法があるので，科学者になったつもりで考えてみよう．このために —— 少なくとも想像の上で —— 彼らは遠く離れた別々の大陸の町に住んでおり，それぞれが地元のスーパーを利用しているものとする．さらに，お互いの献立に影響を及ぼす可能性を排除するために，アリスとボブにはぴったり同時刻に買い物をしてもらう．もっと条件を厳しくしたいのであれば，彼らは別々の銀河に住んでいると想像してもよい．これらの条件下では，彼らが互いに通信することも，お互いに影響を与えることも —— あくびの伝染[1] のように知らず知らずにせよ —— できないはずだ．ところが，それでもなお，彼らの夕食の献立の完全相関が引き続き生じているとしたらどうだろう？　そのような相関は互いの影響に基づいて説明することはできないため，他の説明を考えなければならない．

そこで，第二の説明として，アリスとボブのそれぞれの最寄りのスーパーが，まったく同じ献立用の食品を売っているという可能性を考えてみよう．そうであれば，アリスとボブには献立を決める選択の余地はなかったことになる．何年も前から，2 つのスーパーはその日の夕方に販売する献立用の食材の種類を相談して決めていたのかもしれない．献立は日によって違ってもよいが，2 つの店は毎夕あらかじめ与えられたマニュアルに従って食品を並べるのである．このマニュアルはスーパーの本店マネージャーによって準備され，銀河をまたぐ全支店に電子メールで通達される．かくして，アリスとボブの献立は必然的に日々同じものになる．この説明の核心は，アリスとボブの献立が共通の原因（この場合はマニュアル）によって決められていることにある．この共通原因は，彼らがどんなに遠く離れていても伝わるように，然るべく前に生じたものである．それは，空間を点から点へと（不連続な）飛躍を作ったり中断したりすることなく，連続的に伝わってきたものだろう．私たちは，これを「共通の局所原因」と呼ぶ．共通と呼ぶのは，その原因が共有された過去において生じたからであり，局所と呼ぶのは，すべての伝達が空間を点から点へと局所的かつ連続的になされるからである．

---

1) 人が集まっているとき，誰かのあくびが発端となって，他の人も —— それに気づいていようがいまいが —— あくびをすることがあるだろう．これは人々の間に生じる無意識の影響の一例だ．この場合でも，影響を受けた二人目の人は初めにあくびをした人を見ていたはずであり，影響が光の速さを超えて伝わったわけではない．

これならば，完全相関の仕組みを論理的に説明できそうだ．しかし他に説明する方法はないだろうか？　ここで一度立ち止まって，アリスとボブが毎晩同じ献立の夕食を食べているという事実を説明するための，第三の説明を考えてみてほしい．つまり，アリスがボブに影響を与えたり，また反対にボブがアリスに影響を与えたりする第一の説明や，二人に共通する局所原因に基づく第二の説明でもない，第三の説明である．本当にこれら2つ以外に説明できる方法はないのだろうか？　驚くかもしれないが，科学者たちは最近まで，いかなる第三の説明も見つけることはなかった．従来の科学的に観測された相関はことごとく，一方が他方に与える影響によるもの（タイプ1の説明法）か，あるいはスーパーの本店マネージャーのような共通の局所原因によるもの（タイプ2の説明法）かのいずれかの方法で説明することができた．これらの説明は両方とも，影響や共通原因が点から点へと空間を連続的に伝わっていくものであり，その意味において，局所的なものである．一般的に，局所的な説明がつけられるような相関は局所相関と呼ばれる．ところが，私たちはこの後で，量子物理学が第三の説明をもたらすことを知ることになる．そして，それこそが本書の主題なのである．量子物理学の分野以外では，それが地質学や医学，社会学，また生物学であろうが，観測されている相関はすべてここで述べた2種類の説明のみで理解することができる．そしてこれら2種類の説明は，空間を点から次の点へと連続的に伝わる一連の仕組みに基づいているという意味で，局所的なものなのである．

このような局所的な説明の探求は，これまでの科学に多大なる成功をもたらしてきた．実のところ，科学というのは「優れた説明」の絶え間のない探求そのものなのだ．優れた説明とは，次の3つの基準を満たしているものをいう．最もよく知られている基準は正確さだ．それは，数学を用いて現象の正確な予言を行い，その予言を観測や実験と比較できることを意味する．しかし私は，この基準は必須ではあるけれど，最も重要なものとは思わない．優れた説明であるための次の基準は，それが物語（きちんとした筋書き）を語れるかどうかにある．どんな科学の授業も物語から始まる．さもなければ，どうやってエネルギーや分子，地層，相関などの新しい概念を導入することができよう？　量子物理学が出現するまでは，これらの物語はすべて，時間的にも空間的にも完全に連続的な事象から成り立っており，局所的なものであった．優れた説明であるための最後の基準は，その修正が容易でないことである．つまり優れた説明は，それを否定するような新しい実験データに容易に辻褄を合わせることができないがゆえに，実験によって検証できるのだ．ポパーの言葉を借りれば，科学は反証され得るものでなければならない[a)]．

話をアリスとボブの夕食の完全相関に戻そう．彼らが十分に離れていることから，直接的な影響に基づくいかなる（タイプ1の）説明の試みも排除される．では，どうすれば共通の局所原因による（タイプ2の）説明の是非を検証することができるだろう？　先に述べた例では，アリスの住まいの近くにはたった1つのスーパーしかなく，その店は毎夕ただ1つの献立用の食材を提供するので，アリスが献立を選択する余地はなかった．実はこのような選択肢のない状況は，あまりに単純すぎてこの説明の検証には適さない．そこで，この例をもう少し複雑なものにしてみよう．

今度はアリスの住まいの近くに2店のスーパーが，1つは家を出て左側に，もう1つは右側にあるものとする．同様に，ボブの住まいの近くにも2店のスーパーがそれぞれ左と右にあって，どちらに行くかは自由に選ぶことができる．アリスとボブは別々の銀河に住んでいるので，お互いに影響を与えることはできない．ところが，彼らがたまたま二人とも左側の店で買い物をしたときは，いつも同じ献立になるとしたらどうだろう．この相関を説明する唯一の局所的な方法は，双方の左側の店が，毎夕の献立表を共有していることだ．左側の2つの店に関しては，状況は以前のものとまったく同じなのだから．しかし，アリスとボブの近くに複数の店があるということは，様々な種類の相関が生じ得ることを意味する．そこで，例えば，アリスが左側の店を選び，ボブが右側の店を選ぶときも，彼らの献立はやはり同じものになるとしよう．さらに，アリスが右側，ボブが左側の店を選ぶときも同じ結果になるものとする．そうすると，これら左-左，左-右，右-左の3つの相関を説明できる唯一の局所的な方法は，以前と同じく，これら4つの店がすべて同じ献立表を共有していることになる．しかしここで，アリスとボブが二人とも右側の店に行くときは，二人が同じ献立となることは**決してない**ものとし

a)　訳注：カール・ポパーはウィーン生まれの哲学者．経験科学における理論の正しさはそれ自身では証明できないが，誤っている場合はそれが実証可能であること（反証可能性）が，科学を科学たらしめる要件だと主張した．

てみよう．そんなことは可能だろうか？　少し考えただけでも，そのように仕組むのは難しそうに思われる．

ここにきて，私たちはベル・ゲームの本質にかなり近づきつつある．そこで，ひとまずこのスーパーの話はおしまいにして，これからは科学的な議論を用いるために，状況を可能な限り整理しよう．今後は，「夕食の献立」の代わりに「結果」と言うこととし，献立は 2 種類だけを考えれば十分なのだから，結果（を表す数値）も 2 種類として話を進める．

ベル・ゲーム

ベル・ゲームの製造業者は，見た目そっくりの 2 つの箱型の装置（ゲーム機）をペアで販売[b] している（図 2.1 参照）．それぞれの装置には操作棒とモニター画面がついていて，初めは操作棒は上向きにセットされている．操作棒は左右に倒すことができ，倒すごとにモニター画面に結果が数値で表示されるようになっている．その数値は二値，すなわち 0 か 1 の 2 種類しかない．コンピュータ科学者ならば，それをビット情報の列と言うだろう．どちらの装置でも，棒を倒すごとに 0 と 1 の結果がランダムに現れるように見える．

ゲームを行うにあたり，まずアリスとボブはそれぞれ装置を手に取り，お互いの時計を合わせてから十分遠くに離れる．二人は午前 9 時ちょうどにゲームを始め，1 分ごとに装置の操作棒を左右どちらか一方に倒す．その上で，棒を倒した時刻とその方向，そして画面に現れた数値を注意深く記録していく．ここで重要なのは，二人が棒を倒す方向をまったく自由に，そして互いに独立に選ぶことである．各々がずっと同じ方向に倒し続けたり，またあらかじめ二人で決めておいた方向に合わせて倒したりすることは許されない．アリスはボブの選択を知らず，またボブもアリスの選択を知らないことが肝要である．ただし，彼らの目的はあくまでもベル・ゲームの装置の仕組み（動作原理）を理解することにあるので，お互いを欺くことはしないものとする[c]．

---

b) 訳注：現時点でベル・ゲームは市販されていないが，実験室では実現されている．

c) 訳注：ベル・ゲームは二人のプレーヤーが互いを打ち負かすゲームではなく，二人が協調して得点を最大化する戦略を考えるゲームである．この戦略の中には，装置の棒の倒し方に加えて，装置そのものの仕組みをどうすればよいのかという設計（本来はベル・ゲームの製造業者の仕事であるが）の問題も含まれる．

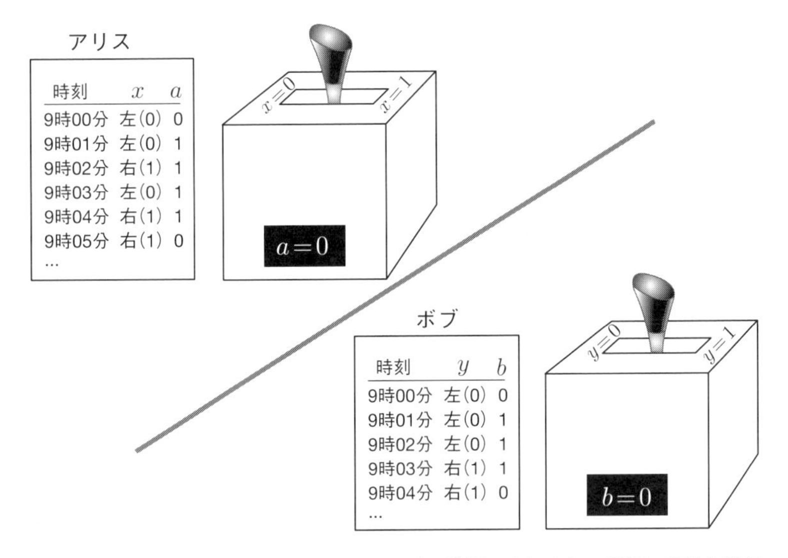

図 2.1 ベル・ゲームを行うためのアリスとボブの装置．それぞれの装置には操作棒がついていて，二人は 1 分ごとに操作棒を左右のどちらかに自由に倒す．するとその都度，それぞれの装置の画面に数値が表示される．アリスとボブは，棒を倒した時刻と方向（左か右），そして装置の画面に現れた数値（0 か 1）を注意深く記録していく．最後に，二人は互いが記録した数値を照らし合わせて，ゲームの勝敗を確かめる．彼らの目的は，このゲームを通じて，装置の仕組みを理解することにある．ちょうど子供がおもちゃの仕組みを理解しようとするように．

二人が午後 7 時までゲームを続けると，全部で 600 個の数値の組が得られる．棒を倒す方向は自由かつ独立に選ばれたのだから，棒を倒した方向の組み合わせを見ると，左-左，左-右，右-左，右-右となる場合がそれぞれおよそ 150 通り現れていることだろう．最後に二人は再びどこかで落ち合って，各回ごとに以下に述べる規則に従ってポイント（得点）を算定し，それらをもとにして全体のスコアを計算する：

1. アリスとボブのどちらかが（または二人とも）操作棒を左に倒した場合は，両者の**数値が一致**していれば 1 ポイントを獲得
2. アリスとボブが二人とも操作棒を右に倒した場合は，両者の**数値が不一致**ならば 1 ポイントを獲得

これらの結果をもとに，全体のスコアを次の方法で計算する：

- 左-左，左-右，右-左，右-右の4通りの選択の各々に対し，上述した規則に従ってポイント数を合計する．
- それぞれの合計値をその選択回数（上の例では約150個）で割った値を求め，これを成功率とする．各選択に対してこれを行い，全部で4通りの成功率を得る．これら4通りの成功率を合計した値が全体のスコアとなる．各々の選択での成功率は最大で1なので，（全体の）スコアは最大で4になる．
- スコアがSのとき，「アリスとボブは4回のうちS回ベル・ゲームに勝った」と言うことにする．なお，スコアは一種の平均値なので，その値は0から4のあらゆる値を取り得る．例えばスコアが3.41であれば，アリスとボブは平均として「4回のうち3.41回ベル・ゲームに勝った」と言う．あるいは，おおよそ「400回のうち341回勝った」と言ってもよい．
- この後，すぐにわかるように，アリスとボブのスコアが3になるような装置は簡単に作ることができる．したがって，単に「ベル・ゲームに勝った」と言うのは，スコアが3を超えたときを指すことにする．

この奇妙なゲームがどのようなものか，その感じを少しでもつかむために，アリスとボブが，実際に装置の画面に出力された数値ではなく，ただ頭に思い浮かんだ（0か1かの）数値をでたらめに記録した場合を考えてみよう．大事なことは，二人とも完全に独立に，まったくの偶然に基づいて数値を記すということだ[2]．そうすると，成功率はどの選択の場合でも約1/2になるだろう．というのは，アリスとボブの操作棒を倒す方向がいずれの場合であっても，およそ半分は二人の数値が偶然に一致し，残りの半分は不一致となるからである．よって，ベル・ゲームのスコアは$1/2+1/2+1/2+1/2=2$となる．このことから，ベル・ゲームのスコアが明確に2を超えるためには，アリスとボブの装置は完全に独立であってはならず，相関した数値が出力されるように連繫されていなければならないことがわかる．

---

2) 同じ議論は，一人はゲームを規則に従って数値を記録し，もう一方が規則を無視している場合にも適用できる．このときも各成功率は1/2となり，全体のスコアはやはり2となる．

続いて，二人の装置が操作棒の位置によらずに，いつでも同じ数値 0 を出力する場合を考えてみよう．この場合，アリスとボブの操作棒を倒す方向の選択は，この数値を出すのに何ら影響しない．そして，二人の選択が左-左，左-右，右-左のときの成功率は 1 となり，右-右の場合の成功率は 0 となることは容易にわかる．それゆえ，スコアは $1+1+1+0=3$ となる．

次に，この装置の仕組みを調べる前に，ちょっとした抽象化を行っておきたい．これにより，私たちは非局所性の概念の核心に迫ることになるだろう．

非局所計算：$a+b=x\times y$

ベルの装置の画面に現れる出力を数値（0 と 1）で表したように，科学者は分析する対象を数値で表すことが大好きだ．それによって，例えば「アリスが操作棒を左に倒し，出力として 0 を得た」などといった長い文章に惑わされることなく，物事の本質に集中することができるようになる．さらに，数値を使うことで和や積の計算ができるようになり，非局所性の概念がとてもシンプルな 1 つの数式に要約されることになる．

	$x=0$	$x=1$
$y=0$	$a=b$	$a=b$
$y=1$	$a=b$	$a\neq b$

まず初めにアリスに着目しよう．アリスの選択を x，その出力の数値を a と記す．ここで「$x=0$」はアリスが操作棒を「左に倒したこと」を，「$x=1$」は「右に倒したこと」を表している．同様に，ボブの選択を y，その出力の数値を b と記す．この表記法を用いると，ベル・ゲームの規則に従ってアリスとボブがポイントを獲得するすべての場合を，上の小さな表にまとめることができる．

試みにちょっとした初歩的な計算をしてみよう．この計算によって，（真似をする可能性を排除するために互いに十分遠くに離れたアリスとボブが，自由に選択をした結果を記録するという）ベル・ゲームでのポイント獲得の条件が，次のエレガントな数式

$$a+b=x\times y$$

に要約されることが確かめられる．この式は，a と b を足した結果が x と y を掛けた結果と一致することがポイント獲得の条件であることを表している．

掛け算 $x \times y$ は，$x = y = 1$ 以外はいつも 0 となるから，この式は $x = y = 1$ でない限り $a + b = 0$ となることを意味する．

このことを確かめるために，まず $x = y = 1$ の場合から考えてみよう．このとき，上の条件式は $a + b = 1$ となるが，a と b は 0 か 1 のどちらかなので，方程式 $a + b = 1$ はただ 2 つの解，すなわち $a = 0, b = 1$，または $a = 1, b = 0$ を持つ．ゆえに，もし $a + b = 1$ ならば確かに $a \neq b$ となり，ベル・ゲームの規則によりアリスとボブはポイントを獲得することがわかる．

次に，残りの 3 つの場合 $(x, y) = (0, 0)$, $(0, 1)$, $(1, 0)$ を考えよう．いずれの場合でも $x \times y = 0$ なので，条件は $a + b = 0$ になる．最初に考えられる解は $a = b = 0$ である．ここではこれに加えて $a = b = 1$ の場合も解の 1 つと見なすことにする．通常の算数では $1 + 1 = 2$ なので，一見奇妙に思うかもしれない．しかし，0 や 1 のビット値を扱うときには，それらの演算の結果も再び 0 か 1 のビットにならなければならないことから，$2 = 0$ と取り決めることにしている（数学ではこれを「2 を法とする」と呼ぶ）．以上のことから，条件式 $a + b = 0$ は $a = b$ と等価になり，やはりポイントを獲得することがわかる．

結論として，美しい式 $a + b = x \times y$ がベル・ゲームのポイント獲得条件を完璧に要約していることが確認できた．この式が満たされるたびに，アリスとボブは 1 ポイントを獲得する．このように，（後ほど見るこの条件を満たす）量子の革命的な性質は，かくもシンプルな数式によって表現されるのだ[3]．

この条件式は，非局所性によって生じる現象を表すことに使うことができる．常にベル・ゲームに勝つためには，この条件を満たす a, b を出力する 2 つの装置は，アリスとボブの選択，すなわち与えられた x, y に対して積 $x \times y$ を計算するものでなくてはならない．しかし，選択 x はアリスの装置にしかなく，また選択 y はボブの装置にしかないのだから，この計算を局所的に行うことはできない．できることはせいぜい $x \times y = 0$ となることに賭ける（それを想定して出力させる）ことくらいで，その場合 4 回のうち 3 回は正し

3) 真面目だけどどこか手に負えない学生だった私は，量子物理学の勉強中，教師に何度も説明を求めたものだ．しかし，その答えはいつも「量子物理学というのは複雑な数学が必要だから，そもそも理解などできないのだ」というものであった．

く，スコア3を得ることができる．しかし，3を超えるスコアを得るためには，$x \times y$ のある種の「非局所的な」計算が必要となる．なぜならば，この積の2つの因数 x, y は，互いにずっと遠くに離れた場所で生じるのだから．

ベル・ゲームの局所的な戦略

それぞれの装置を前にして，アリスとボブは1分ごとに自由かつ独立に棒を倒す方向を選択し，その選択と装置に表示された出力結果を注意深く記録していく．これらの装置は，どのように動作すれば二人の出力結果が相関し，アリスとボブに良いスコアをもたらすことができるだろうか？

ここであらためて，二人が互いに影響を与えられないほど遠くに離れていることに注意しよう．つまり，アリスとボブは，想定上，互いに通信ができなくなるくらい遠くに離れているのだ．例えば，光でも1秒かかる距離，つまりざっと300,000 km —— およそ地球と月との距離以上は離れてもらおう．この極端な場合には，アリスや彼女の装置は，アリスの選択をボブや彼の装置に瞬時に伝えることはできないはずだ．こうすることで通信や影響に基づくいかなる（タイプ1の）相関も不可能になる．だから，相関を作り出すには他の方法を探さなければならない．

まずはじめに，二人の操作棒がたまたま左に倒された場合から考えてみよう．この場合，アリスとボブが必ずポイントを獲得するには，常に二人の出力値が同じでなければならない．これは，彼らが左側のスーパーを選択したときには，常に同じ献立になるという状況と同じだ．前に述べた通り，直接の影響の可能性が排除されている場合，これを成し遂げる唯一の方法は，2つのスーパーが顧客に献立を選ぶことを許さず，同じ献立になる食材のみを販売することであった．ベル・ゲームの装置では，両者の操作棒が左に倒されている場合には，2つの装置が同じ結果（数値）を出力することを意味する．それぞれの装置の出力はあらかじめ決まっていて，毎晩の献立の種類が変わるように，1分ごとに異なる出力値が表示されるようになっている．これが2つの操作棒がともに左に倒されている場合に最大の相関を生じさせる仕組みであると考えられる．つまりタイプ2，すなわち共通の局所原因に基づく説明である．あらかじめ決まっている1分ごとの出力値は，それぞれの装置に，つまり局所的に記録されていたものでなければならない．

この考察をもう少し掘り下げてみよう．もともと装置に記録されている出力値は，ひょっとすると一連のコイン投げによって生成されたものかもしれ

BOX 2

偶　然

偶然によって生じる結果を予期することはできない．しかし，それは誰にとって予期できないことなのだろう？　複雑すぎて理解するのが困難な物理過程によって生じるなど，結果に影響を与える細部のすべてを把握していないために，予期が不可能となることは山ほどある．しかし，「真の」偶然によって起きる真のランダムな結果は，それが**本質的に**予測不可能であるがために予期できないものである．そのような結果は，どれほど複雑な因果の連鎖を用いても決められる類のものではない．真にランダムな結果が予期できないのは，ただ結果が生じる前にそれが存在していなかったからであり，必然の結果ではなく，実際，純粋にその場で作り出された結果だからである．

これを理解するために，アリスとボブが，ある通りで偶然に出会う場面を想像してみよう．例えば，アリスはその通りの先にあるレストランに向かっていて，ボブは隣の通りに住む友人に会うために歩いていたとする．アリスはレストランに，ボブは友人に会いに，最も近道を徒歩で行こうと決めた瞬間から，彼らの出会いは予測可能となる．これはアリスとボブの各々が取った道筋が定める事象の因果連鎖の例であり，それらが交叉することで，互いに偶然のように見える出会いが生じる．しかし，この出会いは上空から見下ろすことのできる人からは予測可能だ．一見すると偶然のように見える出会いの本質は，単に無知によるものだったということになる ―― ボブはアリスがどこを通っていたかを知らないし，アリスもまた然りなのだから．でも，アリスがレストランに行くと決める前の状況はどうだっただろう？もしアリスには自由意志があるとするならば，彼女がレストランに行くと決める前の段階では，二人の出会いは真に予測不可能なものだったと言えよう．真の偶然とはこのようなものである．

したがって，真の偶然には古典物理学のような意味での原因というものがない．真の偶然に支配される結果は，いかなる意味においてもあらかじめ定まっているものではないのだ．ただし，真の偶然に思える事象にも，ある種の原因が付随することがあるので，この主張は少しばかり修正が必要になる．そのような原因は，生じる結果を一意に決めるのではなく，多様な結果が生じる確率のみを決める．あらかじめ決まっているのは，結果の生じる傾向性（propensity）なのである．

ない．それらは，アリスから見れば完全にランダムにみえるだろう．同じことはボブにも言える．しかし二人が出会ったときに，両者がいつも同じ結果を得ていたことを知ったら，もはやこれが偶然によって生じたものだとは思えなくなるだろう．それとも，このランダム性は非局所的に生じたとでも考えなければならないのだろうか？　後ほどあらためて，私たちはこの問題に立ち戻ることになる．

さて，先に述べたように，共通の局所原因に基づく（装置の仕組みの）説明では，それぞれの装置は1分ごとに，あらかじめ決められた値を出力しているものと考えた．この説明では一連の出力結果は初めから決まっており，それらは各々の装置にデータとして記憶されていると考えるのである．これらの装置は，十分な容量のメモリと時計，そして1分ごとにメモリ内の次のデータを読み取るプログラムを備えた小さなコンピュータのようなものだと見なしてよいだろう．

プログラムによっては，出力結果は操作棒の位置とは無関係に決められているかも知れないし，またその位置に依存しているかも知れない．アリスとボブの装置では，いったいどのようなプログラムが作動しているのだろうか？考えられるプログラムの種類は無限に，あるいは少なくとも非常に多く存在するのではなかろうか？　その心配はご無用だ．というのも，科学でよく行われる単純化に従って装置の選択と出力を0か1の2つの値に制限したことにより，装置ごとに可能なプログラムの種類は4つに絞られるからだ．事実，そのようなプログラムは，2つの可能な選択のそれぞれに対し2つの可能な出力結果のうちの1つを決めるだけで定まる．アリスの装置では，そのようなプログラムは以下の4つである[4)]：

1. x の選択によらず，出力はいつも $a = 0$
2. x の選択によらず，出力はいつも $a = 1$

---

4)　ここではプログラムという概念を，**どのようなデータに対してどのような結果が出力されるのか**という抽象的な意味で捉えている．ある1つの抽象的なプログラムは，様々な書き方で，色々なプログラミング言語を用いて，またもしかしたら多くの不必要な命令文とともに書かれることだろう．そのため，異なる方法で書かれた2つのプログラムが，実は同じ抽象的なプログラムに対応しているかどうかを判定するのは容易でないかも知れない．

3. 出力と選択はいつも同じ，すなわち $a = x$
4. 出力と選択はいつも異なる，すなわち $a = 1 - x$

同様に，ボブの装置にも 4 種類のプログラムが考えられる．つまり，アリスとボブの両方を合わせて，計 $4 \times 4 = 16$ 通りの組み合わせのプログラムがあることになる．当然ながら，プログラムはアリスとボブの各装置で，1 分経過するごとに別の種類のものに変わってもよい．しかしその 1 分の間に，アリスの装置は 4 つのうちの 1 つのプログラムが作動して出力 a を生成し，ボブの装置も 4 つのプログラムのうち 1 つが作動して出力 b を生成しなければならない．

それでは，考えられる 16 通りのプログラムを精査し，各々の組み合わせの場合のスコアを計算してみよう．その目的は，局所的な説明を用いた場合に実現可能な最大のスコアを見出すことにある．結果として我々は，局所的な戦略を用いた場合には決してスコアが 3 を超えることはないという事実を知ることになる．読者は，単にこのことを信じられるのならば，54 ページ（「ベル・ゲームに勝つ——非局所相関」）に跳んで，その先を読み進めてくれても構わない．もちろん，以下の議論を時間をかけてじっくりと読み，この事実を心から納得する道を選んでもらっても構わない．是非とも，後者を選んでほしいものではあるが . . .

まず，アリスとボブの装置がともにプログラム 1 を実装している場合から考えよう．この場合，二人の出力はいつも 0，つまり $a = b = 0$ となるので，アリスとボブは 4 回のうち 3 回ベル・ゲームに勝つことになる．つまり，彼らがともに 1 を選択したときのみゲームに負けるのだ．では，2 番目の場合として，アリスの装置がプログラム 1（いつも $a = 0$ となる）を，ボブの装置がプログラム 3（いつも $b = y$ となる）を実装している場合はどうだろう．順を追って，彼らの選択できる 4 通りのペアを考える．$x = 0$ かつ $y = 0$，つまり $(x, y) = (0, 0)$ の場合は出力は $(a, b) = (0, 0)$ となって，アリスとボブはゲームに勝ちポイントを獲得する．$x = 0$ かつ $y = 1$ の場合は出力は $(0, 1)$ となり，ゲームに負けてポイントを得られない．$x = 1$ かつ $y = 0$ の場合は出力は $(0, 0)$ となり，ゲームに勝つ．最後に，$x = 1$ かつ $y = 1$ の場合は出力は $(0, 1)$ であるが，$x = y = 1$ のときは異なる出力を得ることがポイント

表 2.1 16 通り（各装置 4 通り）のプログラムのスコア（A はアリス，B はボブ）

プログラム		選択 (x, y) に対する出力				スコア
A	B	$(0,0)$	$(0,1)$	$(1,0)$	$(1,1)$	
1	1	$\boldsymbol{a=0,b=0}$	$\boldsymbol{a=0,b=0}$	$\boldsymbol{a=0,b=0}$	$a=0,b=0$	3
1	2	$a=0,b=1$	$a=0,b=1$	$a=0,b=1$	$\boldsymbol{a=0,b=1}$	1
1	3	$\boldsymbol{a=0,b=0}$	$a=0,b=1$	$\boldsymbol{a=0,b=0}$	$\boldsymbol{a=0,b=1}$	3
1	4	$a=0,b=1$	$\boldsymbol{a=0,b=0}$	$a=0,b=1$	$a=0,b=0$	1
2	1	$a=1,b=0$	$a=1,b=0$	$a=1,b=0$	$\boldsymbol{a=1,b=0}$	1
2	2	$\boldsymbol{a=1,b=1}$	$\boldsymbol{a=1,b=1}$	$\boldsymbol{a=1,b=1}$	$a=1,b=1$	3
2	3	$a=1,b=0$	$\boldsymbol{a=1,b=1}$	$a=1,b=0$	$a=1,b=1$	1
2	4	$\boldsymbol{a=1,b=1}$	$a=1,b=0$	$\boldsymbol{a=1,b=1}$	$\boldsymbol{a=1,b=0}$	3
3	1	$\boldsymbol{a=0,b=0}$	$\boldsymbol{a=0,b=0}$	$a=1,b=0$	$\boldsymbol{a=1,b=0}$	3
3	2	$a=0,b=1$	$a=0,b=1$	$\boldsymbol{a=1,b=1}$	$a=1,b=1$	1
3	3	$\boldsymbol{a=0,b=0}$	$a=0,b=1$	$a=1,b=0$	$a=1,b=1$	1
3	4	$a=0,b=1$	$\boldsymbol{a=0,b=0}$	$\boldsymbol{a=1,b=1}$	$\boldsymbol{a=1,b=0}$	3
4	1	$a=1,b=0$	$a=1,b=0$	$\boldsymbol{a=0,b=0}$	$a=0,b=0$	1
4	2	$\boldsymbol{a=1,b=1}$	$\boldsymbol{a=1,b=1}$	$a=0,b=1$	$\boldsymbol{a=0,b=1}$	3
4	3	$a=1,b=0$	$\boldsymbol{a=1,b=1}$	$\boldsymbol{a=0,b=0}$	$\boldsymbol{a=0,b=1}$	3
4	4	$\boldsymbol{a=1,b=1}$	$a=1,b=0$	$a=0,b=1$	$a=0,b=0$	1

獲得の条件だったので，再びゲームに勝つ．まとめると，アリスとボブのスコアはやはり 3 となる．

この調子で，読者自身も残りの 14 通りのプログラムのスコアを算出できるだろう．結果は表 2.1 にまとめてある．

要約すると，製造業者が装置に組み込んだ局所的な仕組みが何であったとしても —— つまり，プログラムの組み合わせが何であろうと —— アリスとボブは 4 回のうち 3 回を超えてベル・ゲームに勝つことは決してないということである．物理学者はこの結果を不等式の形で表現する．それがベルの不等式と呼ばれるものだ[5)]．この不等式は本書の中核を成すテーマなので，ここに完全な形で記しておきたい．その意味を十分に理解できなかったとしても，その美しさの一端を —— 音楽の譜面に美を認める人がいるように感じ

5) 厳密にいうと，これはベルの不等式のうち最も単純なものであり，その発見者たち (Clauser, Horne, Shimony, Holt) の名に因んで CHSH 不等式として知られているものと等価である [13]．より多くの選択や出力結果，プレーヤー数の場合に対応するベルの不等式もある．

取ってほしい:

$$P(a = b|0,0) + P(a = b|0,1) + P(a = b|1,0) + P(a \neq b|1,1) \leq 3.$$

ここで記号 $P(a = b|x, y)$ は，選択が x と y であった場合に出力 a と b が等しい確率を表す．同様に，$P(a \neq b|1,1)$ は，選択が $x = y = 1$ であった場合に出力 a と b が異なる確率を表している．ベルの不等式は，ちょうど私たちが見出した結果，すなわちベル・ゲームにおけるスコアに対応する 4 つの確率の和は，最大でも 3 にしかならないことを述べている．局所的な相関であれば，ベルの不等式は必ず満たされるのだ．

ここまでは，アリスとボブの装置について，選択の結果 x, y に応じて出力を決定するプログラムが実装されていることを仮定してきた（コンピュータ科学者であれば，x と y を入力データと呼ぶだろう）．しかし，実はこれらのプログラムが出力を完全には決定しておらず，その決定に偶然の要素があったとしたら何が起きるだろうか？　例えば，アリスの装置がランダムにプログラム 1 またはプログラム 3 を選んでいるとしたらどうだろう．あるいは，時には装置が出力そのものをランダムに生成するかもしれない．このような偶然性を取り入れることは，ベル・ゲームに勝つのに役立つだろうか？　まずはじめに，出力をランダムに生成するのは，（必ず $a = 0$ を出力する）プロ

BOX 3

ベルの不等式

一般的には，確率 $P(a, b|x, y)$ は，想定できる様々な状況が統計的に混ざった結果生じていると考えてよい．例えば，第一の状況（それを慣習に倣い λ_1 と表す）が確率 $\rho(\lambda_1)$ で生起し，第二の状況 λ_2 が確率 $\rho(\lambda_2)$ で生起する等，様々な状況が確率的に生じている場合が考えられる．確率 $\rho(\lambda)$ は，実際の状況が完全には知られていない場合の分析に用いることができる．実のところ，これらの状況の確率を具体的に知っている必要はなく，色々な状況が様々な確率で生じているという事実のみを知っていれば十分なのだ．

状況 λ は，通常 ψ で表される量子状態を含むこともできるし，アリスとボブの過去の情報をすべて，またはある例外を除けば全宇宙の状態ですら含むこともできる．例外は選択 x と y であり，これらは状況 λ と独立だと仮定している[d)]．逆に，λ はベル・ゲームでのアリスとボブの戦略のように一定の範囲に限定されることもあ

る．歴史的な経緯から，λ は**局所的隠れた変数**（local hidden variable）と呼ばれているが，これは物理系の —— すなわちアリスとボブの装置の —— 状態と見なした方がわかりやすいだろう [e)]．それは，現在や未来の理論によって記述されるものであってもよい．したがってベルの不等式は，将来の新たな物理理論の構造が，現行の実験事実と整合的となるための条件を示すものだとも言えよう．要するに，状況 λ には，それが選択 x と y に関する何の情報も持っていないこと以外は，いかなる制限も課していないのだ．

ある状況 λ を固定すると，条件付き確率はいつでも

$$P(a,b|x,y,\lambda)=P(a|x,y,\lambda)P(b|x,y,a,\lambda)$$

と書き表すことができる [f)]．ここで局所性を要請すると，個々の λ に対して，アリスの装置で起こることはボブの装置で起こることに依存しない，すなわち $P(a|x,y,\lambda)=P(a|x,\lambda)$ が成り立つ．また，逆にボブの装置で起こることはアリスの装置で起こることに依存しないから，$P(b|x,y,a,\lambda)=P(b|y,\lambda)$ も成り立つ [g)]．現実に観測されるアリスとボブの同時確率分布 $P(a,b|x,y)$ は，このようにして決まる $P(a,b|x,y,\lambda)$ をすべての λ に対して平均化することによって得ることができる：

$$P(a,b|x,y)=\sum_{\lambda}\rho(\lambda)P(a|x,\lambda)P(b|y,\lambda).$$

ここで，$\rho(\lambda)$ は状況 λ が生じる確率を表す．一般のベルの不等式を導くすべての前提は，この一つの式にまとめられている．

---

d) 訳注：本書では，第 9 章の節「超決定論と自由意志」を除き，アリスとボブには自由意志があることが前提とされていることに注意．

e) 訳注：状況 λ を局所相関のタイプ 2 の説明で述べられている「共通原因」と見なすこともできる．

f) 訳注：条件付き確率 $P(b|a)$ とは，事象 a が起こるという条件の下で事象 b が起こる確率のこと．事象 a の起こる確率を $P(a)$，事象 a と b が同時に起こる確率を $P(a,b)$ とするとき，条件付き確率は $P(b|a)=P(a,b)/P(a)$ によって定義される．それぞれの確率に x, y, λ という共通の条件を付加し，分母を払ったものが本文の式となる．

g) 訳注：局所性の要請とは，一方の装置の出力は他方の装置での選択と出力のどちらにも依存しないということ．ここでのアリスに対する条件は相手の選択に依らない選択独立性（parameter independence）と呼ばれる性質であり，またボブに対する条件はこれに加えて相手の出力に依らない出力独立性（outcome independence）と呼ばれる性質が要請されている．なお，アリスとボブの条件が異なるのは上の条件付き確率の式の形に由来するものであり，二人の立場を入れ替えれば，条件式の形も入れ替わる．詳細は巻末の「訳者解説」を参照．そこではベルの不等式の導出も行われる．

グラム1と（必ず$a=1$を出力する）プログラム2をランダムに切り替えることと等しいことに注意しよう．結論を先に言えば，偶然性の導入はベル・ゲームを勝つために何の役にも立たない．そもそもベル・ゲームのスコアというのは，大量の繰り返しの結果，得られた出力の平均から算出するものである．ある与えられた1分の間に，アリスの装置が可能な（16通りの）プログラムの組からランダムに1つのプログラムを選ぶ場合のスコアは，全体を通して毎分，同じプログラムの組からランダムに1つのプログラムを選ぶ場合のスコアと何ら変わらない．つまり，毎分，装置が1つのプログラムを選んで使用することは，何の制約にもなっていない．したがって，アリスとボブがランダムな戦略を含めることは，ベル・ゲームに勝つことの手助けとならない．実際，前にみたように，アリスとボブの装置が独立にランダムな出力を生成する場合は，スコアは2にしかならないのである．

結論として，いかなる局所的な戦略を用いてもベル・ゲームに4回のうち3回を超えて勝つことはできないことがわかった．物理学者であれば，局所的相関ではベルの不等式は破られないという言い方をするだろう．裏返せば，それでもなおアリスとボブが4回のうち3回を超えてベル・ゲームに勝つことができたならば，その現象を局所的に説明することはできないということになる．これまで見てきたように，局所的に説明する方法はたった2種類しかない．1つは空間を点から点へと隣接するように影響が伝わる方法（タイプ1），もう1つは共通の原因に基づくものであり，やはり過去に共有された原因が空間を点から点へと伝わる方法（タイプ2）である．しかしタイプ1の方法は，アリスとボブを十分に遠くに離すことによってその可能性が排除される．そして，今まさに見てきたように，タイプ2の方法では，決して4回のうち3回を超えてベル・ゲームに勝つことはできないのである．

ベル・ゲームに勝つ —— 非局所相関

さてここで，アリスとボブが長時間ベル・ゲームを行った結果，平均して4回のうち3回を超えて勝つ状況を想像してみよう．これは，量子物理における量子もつれの現象によって初めて可能になることである．しかし，その魅惑的な物理の話はひとまず傍らに置き，アリスとボブが実際にベル・ゲームに勝てるという事実を掘り下げて考えてみることにしよう．すでに私たちは，彼らが互いに影響を与える可能性，つまり彼らの装置同士が —— 未知の波動のような伝達手段を含めて —— 通信を行っている可能性を排除してきた（この重要な仮説については後に触れることになるだろう）．先ほど確認したように，装置の出力が操作棒の操作時間や倒した方向に局所的に依存しているならば，つまりその装置を操作した人の選択に依存して出力を生成するならば，4 回のうち 3 回を超えてゲームに勝つことはできない．局所的な戦略，すなわち空間を点から点へと伝わる仕組みを用いては，4 回中 3 回を超える勝利はどう考えたってあり得ないのだ．

このことが，4 回のうち 3 回を超えてベル・ゲームに勝つことを可能とする相関を非局所的と呼ぶ理由である．それにしてもアリスとボブ（そして，二人の装置）は，いったいどうやってそんな芸当をやってのけるのだろう？

この質問を，もし量子物理学の生まれる前，例えば 1925 年以前の物理学者にしたならば，答えはとても簡単なものだったであろう．「そんなことは不可能だ！　ベル・ゲームに 4 回のうち 3 回を超える頻度で勝つには，アリスとボブ，あるいは少なくとも彼らの装置が，何かしらの方法で不正をしなければならない．自分のあくびが他人のあくびを誘発するように，意識的でないにせよ，通信によって互いに影響を及ぼしあっているに違いない．通信が行われない限りそんなことは不可能なのだ．」　量子物理学が出現する以前の科学者たちならば，このようにでも答えたに違いない[h)]．

読者ならどう考えるだろう？　どうすればベル・ゲームに 4 回のうち 3 回を超えて勝つことができるだろうか？　そんなことは可能だろうか？　こんなゲームのことで読者の頭を悩ませたくはないが，ここはまさに非局所性の核心を突くところなのだ．おそらく私たちは，地球がボールのように丸く，地球の裏側にも人が住んでいると聞かされたときの中世の人々と同じ立場にいるのだろう．なぜ地球の裏側の人は下に落っこちてしまわないのか？　今日では誰もが，人間を含むあらゆる物体が，上から下ではなく，地球の中心に向かって落ちることを知っている．地球の裏側にいる人々は，ちょうど冷蔵庫の扉にくっつくマグネットのように，地面に引きつけられているのだ．私

h) 訳注：実は，量子物理学が現れるはるか以前の 19 世紀，数学者であり哲学者でもあったジョージ・ブールが，今ではベルの不等式と等価な確率の問題を考えていた [14]．その中でブールは，ベルの不等式を破る相関を「不可能な実験」と呼んでいる．

たちは地球に引かれていて，オーストラリアの人もヨーロッパの人も地球の外へ落ちてしまうことはないということは，このマグネット（重力）のおかげで理解できる．

それでは，ベル・ゲームの場合に，この冷蔵庫の扉のマグネットの役割を果たしているものは何だろう？　また何が起きているかを理解するのに，どんな説明が可能だろうか？　残念ながら，私には量子もつれを用いて 4 回のうち 3 回を超えてベル・ゲームに勝てる事実を，直感的に説明することはできない．その代わりに，あなたを原子や光子の世界の探究に誘い，この奇妙なゲームと戯れることを通して，ときには楽しく，また有用な結果がもたらされることを察してもらえるように努めたい．そして，それが私たちの自然観にどのような意味があるのかを考えてもらいたい．子供たちがおもちゃを分解して，内部の仕掛けを調べるのと同じように，これらの（非局所）相関を解きほぐしていこう．

ベル・ゲームに勝てても通信には利用できない

あらためて，アリスとボブがベル・ゲームに 4 回のうち 3 回を超えて勝てる場合を考えよう．何なら，毎回勝てるとしてもよい．さて，彼らはこれを利用して互いに通信することはできるだろうか[6)]？　もしそんな通信が可能であれば，二人はどれほど遠くに離れていてもよいので，任意の速さでの通信が可能になってしまう．

アリスは，どうすればボブに情報を送ることができるだろう？　その目的のためにアリスに利用できるのは，せいぜい操作棒の位置だけであることに注意しよう．例えば，アリスが「左（に棒を倒す）」を選ぶのは「Yes」を，「右」は「No」を表すとしてもよい．しかし，ボブからすると，彼の装置はただランダムに出力を生成するだけに見える．実際，ボブの操作棒をどちらに倒したとしても，2 つの出力 $b = 0$ と $b = 1$ は等しい頻度で発生する．この

6) ベル・ゲームに勝つために，装置間に「捉え難い」通信が行われているという可能性と，アリスとボブが通信するために，装置の出力間の相関を利用できる可能性とを混同してはならない．前者は「影響力」とでもいうべき何らかの隠れた通信のことであり，後者は装置の内部動作の理解や制御をすることなく，この相関を利用してアリスとボブが通信することである．

BOX 4 「私は量子のエンジニア．でも日曜には原理に想いを巡らせるんだ」――ジョン・ベル

私は幸運にもジョン・ベルと頻繁に会うことができた．ここでは私のベルと出会った頃の出来事について話したい．

「私は量子のエンジニア．でも日曜には原理に想いを巡らせるんだ」―― 1983年3月のちょっと風変わりな集まりで，ベルはこう話し始めた．この言葉を私は決して忘れることができない．ベルは，そう，あの有名なジョン・ベルは，自身をエンジニアであると紹介したのだ．エンジニアとは，物事がどのように動作するかを知っている実務的な人のことをいう．当時の私と言えば理論物理学の博士号を取得したばかりの自惚れ屋だった．その私が理論家中の巨人と認識していたベルが，自身をエンジニアと自認していたとは！

1983年，ヴォー自然科学協会による毎年恒例の研修会が開催され，モンタナに一週間，教師と物理学者たちが集まり，日程の半分はスキー，半分は有名な科学者たちによる講義が行われた[i]．この年の主題は量子物理学の基礎であったが，ここで私は人類史上初めてベル・ゲームに勝った人物[7]であるアラン・アスペと出会い，午後には一緒にスキーを楽しんだ．この専門分野の研修会として当然ながらベルも招待されてはいたが，プログラム上，つまり講義の予定表には彼の名前が載っていなかった．これは常軌を逸したことだったので，私は他の博士課程の学生と一緒に，ベルに即興での講演を頼んでみた．はじめのうちは講義用のスライドを持っていないからと断られたが，ついにある晩の夕食後，にわか仕立てで講義室にした地下室で，床に座り込んだ聴講者を前に，ベルの内輪の講演が行われた．この原理を尊重するエンジニアは，どのように物理学を現実的な方法で応用に結びつけたり，難しい実験や興味深い実験を行ったり，どんな状況にもうまく使える経験則をどのように見つければよいかを語った．しかし同時に彼は，「自然界を整合的に説明する」という科学の最も重要な目的を決して見失ってはならないことを強調した．ベルのこの言葉はそれ以来，私の脳裏に焼き付いて離れない．

---

i) 訳注：ヴォー自然科学協会（The Society of Natural Sciences of the Canton of Vaud）とは1819年創立のスイスのヴォー州の自然科学振興のための組織．モンタナはスイス南西部の山岳リゾート地で，スキー場の他にゴルフ場でも知られ，現在はクラン・モンタナに属している．

7) その何年か前にアメリカ人物理学者のジョン・クラウザーが類似の功績を残しているが，装置の間の情報交換の可能性が排除できていなかった．また，その装置では1つの出力，例えば0のみしか実現できず，他の出力1は間接的な測定によって得るというものであった．

ことは，アリスの操作棒の位置がどこにあろうと同じである．そのため，アリスからボブへ，またその逆に，ボブからアリスへ，ベル・ゲームの相関を利用してメッセージを送ることはできないことになる．装置間の相関は，お互いの出力結果を比較して初めてその存在に気づくものである．第 1 章で話した風変わりな電話のことを思い出そう．

かくして，アリスとボブは二人の装置を使って通信することはできないのである[8)]．アリスとボブがお互いの結果を比較することができたとき，つまりゲームの終了後に二人で会ったときに初めて，ベル・ゲームの勝敗が判明する．つまり，アリスとボブの間には二人をつないで通信を可能にするような方法はない．ベル・ゲームの相関だけを用いて通信することは，送信者から受信者にメッセージを運ぶ何らかの物理的な実体なしに通信できることを意味することになろう．それは言わば伝送を伴わない通信であり，BOX 5 で説明するように，存在し得ない通信なのである．

しかし，二人の装置をつなぐ「見えない糸」のような何らかのリンクが張られていて，通信するためではなく，単にベル・ゲームに勝てるようなものはあり得ないのだろうか？　もしそんなリンクがあるのなら，我々はその仕掛けを理解できそうだ．しかし，それは単なるマジシャンの手品のようなもので，がっかりさせることになるかもしれない．

しかし物理学者にとって，ベル・ゲームに勝つ相関は重要な発見の手掛かりとなるかもしれない．この出力結果のつながりをもたらすものは何か？　それはどのように動作するのか？　装置間の仮想的な隠れた影響は，どれほど速く伝送されるのか？　しかし，差し当たりは次のことに留意するに留めておこう．まず，私たちの目に見えるようなつながりは存在していない．次に，2 つの装置は非常に遠く離れていて，光速でさえも各々の出力の時間差内に影響を伝えることはできない．さらには，アリスとボブは互いに相手がどこに

8) 形式的に言えば，もし同時確率 $P(a,b|x,y)$ の一方の周辺分布が他方の入力に依存しない（すなわちアリスの周辺分布がボブの入力（$y=0$ または 1）に依存せず，かつボブの周辺分布がアリスの入力（$x=0$ または 1）に依存しない）ならば，その同時確率の相関は通信に利用できない．つまり，$\sum_b P(a,b|x,y) = P(a|x)$ かつ $\sum_a P(a,b|x,y) = P(b|y)$ となるなら，入力（操作棒の位置）を利用した通信はできない．〔訳注：この性質は情報通信禁止則（no-signaling condition）とも呼ばれ，量子論と相対論の共存が可能となるために本質的な役割を果たしている．〕

いるかすら知る必要がない．彼らは装置を持ち出して，いずこの旅先に持って行ってもよい．

BOX 5

伝送を伴わない通信は存在しない

人から人に，例えばアリスからボブにメッセージを伝えたいとき，アリスはまずそのメッセージを何らかの物理的媒体に転写しなければならない．その後，メッセージはその物理的媒体 —— 例えば手紙，電子や光子などを通して空間を点から点へと運ばれていく．その後ボブはこの物理的媒体を受け取って，それが運んできたメッセージを読んだり解読したりする．このようにして，メッセージはアリスからボブへ，空間中を隣接する点から点へと伝送される．これ以外にメッセージを伝える方法は，物理的なものではないだろう．

例えばアリスがメッセージを選び，それを何かしらの物理的媒体に転写したとしても，彼女がいた空間の地点から何も物理的実体が出ていかないのであれば，彼女のメッセージが送信されることはない．さもなければ，ニュートンがすでに理解していたように（32 ページの BOX 1 参照），伝送を伴わない通信があり得ることになってしまう．しかし，アリスが通信したいメッセージを決めたときに，物質や波動，エネルギーなど，何らかの物理的なものが彼女のところから出ていかない限り，通信することは原理的に不可能だ．

これは単に常識的な判断の問題である．例えば，もしテレパシーのようなものでこの原理が破られてしまったら，いくらでも速い通信が許されてしまうだろう．実際，その場合はメッセージを運ぶ媒体を必要としないから，アリスとボブの間の距離は問題にはならなくなるだろう．そして，二人の距離を十分に離せば，光速すら超える任意の速さでの通信が可能となってしまう．しかし，そのようなことが不可能であるということは，光速度を超えることを禁止する相対性理論よりも，さらに基本的なことなのだ[j]．すなわち，非物理的な通信は不可能なのである．

---

j) 訳注：ここで述べてられている「非物理的な（伝送なしの）通信の不可能性」は，著者の重視する自然界の性質であるが，ここでは常識的な判断の問題として提示され，決して論証されているわけではない．実際，本書でもこの後，伝送なしの通信の可能性についてさらに考察することになる．なお，この性質が満たされない場合の困難については，例えば次のような議論が可能である：広大な宇宙のわずかな領域に住む私たち人類は，現在の宇宙全体の状況を完全に知ることはできない．しかし，もし遠隔地に瞬時に物理的影響が伝わったり通信ができたりする現象が存在してしまったら，我々が自然法則を見つけたり，またそれを使って未来を予測したりすること自体が困難になるだろう．つまり，人類の科学的思索の基本的前提が揺らいでしまうことになる．

装置を開けてみる

1964年，ベルが初めてこのゲームを不等式の形で発表した時点では，それはただの思考実験に過ぎなかった．しかし今では，このゲームは多くの実験室で実現されている．そこで，手品のようにも見えるこの装置を開けてみることにしよう．この装置こそが，ベル・ゲームに勝利をもたらすものなのだから．

装置を開けると，中にはレーザー発振器（赤色や緑色，美しい黄色を生み出すものもある），低温槽（冷蔵庫のようなもので，物体を絶対零度に近い−270°C付近の温度まで下げることができる装置），光ファイバー干渉計（光子のための光回路），2つの光子検出器（光の粒子を検出できる装置），そして時計などの一揃いの物理機器が入っている（図2.2参照）．しかし，これだけではゲームのことはほとんど何もわからない．

より詳しく見てみると，低温槽のすべてのレーザービームが交わる中心のところに，ガラス片のような数ミリの小さな結晶[k)]があることに気づく．どうやら，このちっぽけな結晶が，装置の核心部になっているようだ．実際，操作棒が左か右に倒されると，一連のレーザーのパルス光が発せられて結晶に照射されるようになっている．操作棒はさらに，結晶につながった干渉計の圧電素子[9)]を作動させる．圧電素子は，操作棒と同じ方向に少しだけ移動する．すると2つの光子検出器のうちの1つが作動し，これに連動して出力0または1を生成する．操作棒の動作が，レーザーパルスを通して結晶に何らかの現象を引き起こし，それが圧電素子を通じて干渉計の状態を決めていることは明らかだ．最後に，結果が検出器から出力され，画面に表示される．また，アリスとボブの装置もまったく同じ構造をしている．あらためて，ゲー

---

k) 訳注：この結晶がどんなものかは以下の議論には関係しないが，具体的には例えばオルトケイ酸イットリウム（Y_2SiO_5）単結晶に希土類元素（レアアース）であるネオジム（Nd）を少量，不純物として加えた（ドープした）ものが使われる．

9) 圧電素子に圧力が加わると電位差が生じ，逆に電位差を与えると素子は圧縮されるが，これら2つの効果は互いに連繫している．その最も身近な応用の1つにガスライターがある．ライターに圧力を加えると，小さな電圧が生じ，直ちに火花放電が発生するようになっている．レコードプレーヤーの針に使われているサファイアも，その応用例の1つ．

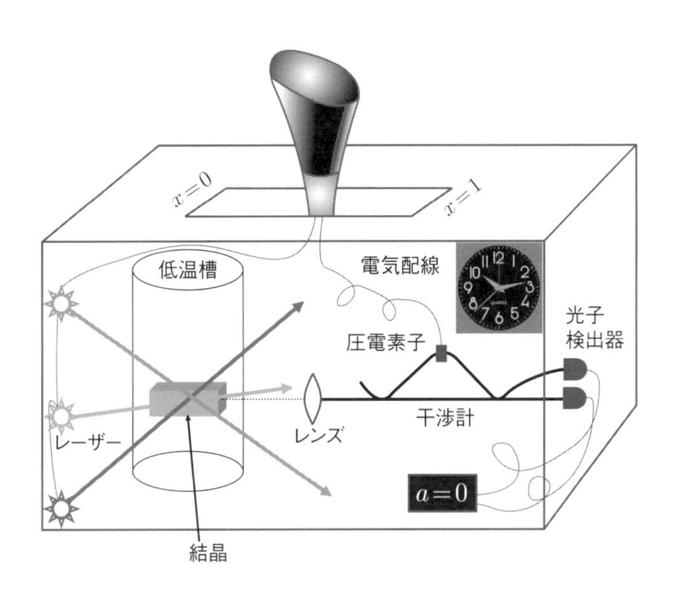

図 2.2 アリスとボブはベル装置の中に一揃いの複雑な物理機器を見つける．ところが，2つの装置の中身を（それぞれ局所的に）いくら調べてみても，ベル・ゲームの動作原理を理解することはできない．そもそもこのゲームは，局所的には説明できない相関を生成するものなのだ．

ムの秘密は装置全体の中央にある小さな結晶にあるように思われる．

結局，この装置を調べるだけでは肝腎なことはほとんどわからない．そして，それこそが本章のメッセージなのだ．装置の組み立てやその動作の仕組みをどんなに詳しく調べたとしても，満足のいく説明は決して得られない．いずれにせよ，私たちはすでにベル・ゲームに勝つための局所的な説明がないことを見てきたわけだから，個々に 2 つの装置を見るだけで満足のいく説明が得られないことは当然のことなのだ！　というわけで，しばしの間，この問題から離れることにしよう．結局のところ，この複雑な装置の働きは，操作棒が左か右に倒されると 0 か 1 かの 2 種類の結果を生成するということに過ぎない．だから，装置ができることは，その仕組みがどんなに複雑であろうと，前述した 4 つのプログラムのうちのどれか 1 つを実行するというだけのように思われる（49 ページを見よ）．他に何ができるというのだろう？　あらためて確認すれば，操作棒には 2 つの位置のみが，そして装置には 2 種類の出力のみがある．これらのレーザー発振器，1 個の低温槽，2 個の光子検出器の組み合わせは，そのような単純なプログラムを実行するには過剰なものに見える！　これらの組み合わせは，それ以外の何かを実行しているはずなのだ．なぜならばそれはベル・ゲームに勝てるのだから．

量子論以前の物理学者であれば，これらの装置を莫大な時間をかけて調査して，結局，何も理解しないで終わることだろう．だから，読者も装置の中で何が起こっているかがわからなくとも当惑する必要はない．その答えは第 6 章で与えられる．しかし当面は，装置の核心は結晶にあり，そして 2 つの装置の結晶は互いに量子的にもつれているということを述べるに留めよう[10)]．しかしそれは何を意味するのだろうか？　現時点では，「量子もつれ」とはベル・ゲームに勝つことを可能にする量子物理の概念に名づけた単なる用語に過ぎない．読者には，もうしばらくのご辛抱を願いたい！

結論として，装置の詳細な中身はさして重要ではない．重要なのは，アリスとボブがベル・ゲームに 4 回のうち 3 回を超えて勝つことを可能とする装置の作り方を物理学者が —— 原理上は —— 知っているということと，それを実現する本質的な要素を**量子もつれ**という名で呼んでいるということだけだ．ベル・ゲームに勝つという単純な事実こそが意義深い結論であり，それは宇宙空間に浮かぶ地球の姿のように紛れもない事実を語っている —— 地球は丸いのであり，そして量子物理学は非局所的な相関を現実のものにするのである．

10)　専門家向けに，ボブの結晶と量子的にもつれているのはアリスの結晶全体ではないと述べておくべきだろう．実際，各結晶には数十億個の希土類イオンが含まれている．アリスの結晶におけるこれらのイオンのうち数個の集団励起が，ボブの結晶におけるイオンの集団励起と量子的にもつれているのである [15].

3

非局所性と真のランダム性

ベル・ゲームでスコア3を得ることは容易である．例えば前もって2つの装置が毎回同じ結果を出力するようにすればよい．ところが，アリスとボブが独立に行う局所的な戦略で，4回のうち3回を超えてゲームに勝てるようなものはあり得ない．これが第2章で確認した主な結果である．

では，もし二人のプレーヤーが4回のうち3回を超えてベル・ゲームに勝てるとするなら，これをどう理解すべきだろうか．直ちに思いつく説明は2つ —— 彼らは何らかの巧妙な方法で互いに通信しあっているか，それとも何かの不正を働いているかだ．しかし，まずはこの2つとも除外できるものとしよう．すると次に浮かぶ説明は，第2章で論じた議論に誤りがある可能性だ．実のところ，多くの物理学者や哲学者たちが，何年もかけてその議論に誤りがあるかどうかを調べてきた．読者も，束の間でもよいので自分の頭で考えてみてもらいたい．人は権威に基づく議論をそのまま受け入れるべきではない．誰もが自身で科学的な議論の是非を検証する権利があり，またその義務を有しているのだから．これは，ベル・ゲームに通信することなく勝つことができないという議論が単純で明快なだけに，ぜひともお勧めしたい．あらためて振り返ると，アリスとボブの二人のプレーヤーは，各々4つある戦略のうち1つしか選ぶことができない．したがって，二人合わせて $4 \times 4 = 16$ 通りの組み合わせの戦略がある．ところが，そのどれを用いても4回のうち3回を超えて勝つことはできないのだ（表2.1を参照）．その議論の中身を自分でもう一度，たどってみよう．そして，それをあなたの友人にもわかるように説明してほしい．

この議論が適切なものであることを信じるに足る十分な理由がある．議論の中身はまったく健全なものであり，これまでに幾千もの物理学者，哲学者，数学者，そして計算理論や情報理論の専門家たちによって検証されてきたのだ．しかしそれではなぜ，不可能に思われる 4 回のうち 3 回を超えて勝てるプレーヤーなどという問題を提起するのか？　これは当然の疑問である．議論はとても単純なので，もし量子物理学がなかったならば，この問題には誰もまったく興味を示さなかっただろう．それは何の価値もない，多くのつまらない明白な事実の 1 つに過ぎなかったかもしれない．この問題を提起する唯一の理由は，今日の物理学では現実にベル・ゲームに（4 回のうち 3 回を超えて）勝つことができるからである．そしてそれは，プレーヤーの通信や不正なしに達成できるのである．

非局所的な統一体

あらためて元の論点に戻ろう．ベル・ゲームで系統的にスコア 3 を超えられるという事実を，どのように理解すべきなのか？　唯一の可能性は，アリスとボブの装置が（たとえ空間的に離れていても）論理的には分離されていないということである．二人の間の距離にかかわらず，片側でアリスの装置を，もう片側でボブの装置を，それぞれ分離した個別の実体として捉えることはできない．別の言い方をすると，こちらでアリスの装置が何かをしており，あちらでボブの装置が何かをしているということでは話は終わらないのだ．二人の間に距離があるにもかかわらず，まるで 2 つの装置は 1 つの実体として，つまり 2 つの部分には論理的に分離できない実体として動作しているのである．それは非局所的な統一体（a nonlocal whole）とも言える代物なのだ．

しかし，非局所的な統一体とはいったい何なのだろう？　そのように表現することが，本当に理解の助けとなるのだろうか？　おそらく —— あなたが並外れて優秀でない限り！ —— そうはならない．ここで「非局所所」という言葉は，単に 2 つの独立し明確に局在化した部分としては記述できない何ものかを表している．もちろん，アリスとボブと彼らの 2 つの装置は，普通の人々や装置と同様に，十分に局在化された物である．しかし，彼らを鉄筋コンクリートの壁や鉛の外枠など，どのような物体で囲ってもよいが，アリスの装置はこうで，ボブの装置はこうだといった風に，その動作を個別に説明することはできない．実際，それぞれが独自に動作し，また独自の戦略を持

BOX 6

非局所計算

ベル・ゲームに勝つということは，アリスとボブの装置の出力が，4回のうち3回を超える頻度で関係式 $a+b=x\times y$ が成り立つように「関連し合っている」ことを意味する．入力 x と y は各々の場所にしか存在しない．それにもかかわらず——つまり x はアリスとその装置に，y はボブとその装置にしか知られていないにもかかわらず，局所的に起こり得る頻度を超えて，積 $x\times y$ の値を正しく推定できるのだ．実はこの点に，非常に驚くべき計算機である「量子コンピュータ」の発想のヒントが隠されている．もっとも，このコンピュータ（それは汎用コンピュータというよりむしろ量子プロセッサというべきだが）の話をすれば，ずっと長いものになって本書の範疇をはるかに超えてしまう．

つならば，ベル・ゲームに勝つことは不可能なのだ．そしてそれは，仮に2つの装置が空間的に離される前に動作や戦略を打ち合わせて調整したとしても，できないことなのである．

そのため，私たちは簡単には受け容れることのできない，非常に驚くべき結論に到達する．アリスとボブが3を超えるスコアを達成するならば，彼らが十分に離れていて二人のプレーヤーを個別に確認できるとしても，「ゲームの出力は，一方でアリスの装置により，他方でボブの装置により，それぞれ局所的に生成されているのではない」という事実を認めざるを得ない．**これらの出力は非局所的な方法で生み出されているのだ．**あたかも，アリスの装置とボブの装置は互いに何を出力するかを「知っていた」かのように．

テレパシーと双子

ここに至って，読者の中にはテレパシーのことや，あるいは遠くに離れていても同じ判断をしたり，同じ病気にかかったりする双子のことを思い浮かべる者もいるかもしれない．しかし，そのような連想は誤解を招くだけである．

まずは双子の方から始めよう．双子（一卵性双生児）を特徴づけているのは，彼らが同じ遺伝子の組を共有しているという事実だ．彼らは同じ遺伝学的な設計図を保有しているため，見た目はそっくりで区別がつかないこともしばしばである．これは，ちょうど遺伝的指令に対応する戦略をともに「保有」している局所的なアリスとボブのようなものだ．しかし私たちは，アリスとボブが「保有」したり，また彼らの装置のメモリが記憶した戦略がどのようなものであっても，ベル・ゲームに勝つことは決してないことを見てきた．同様にして，完全にそっくりな双子であっても —— たとえ彼らがこれまでにまったく同一の環境下で育っていたとしても —— ベル・ゲームに勝つことは決してできない．つまり，双子の類推は局所的相関を理解する上では完璧なものだが，ベル・ゲームに勝つ方法については何も教えてくれない．理想的な双子でさえも，ベル・ゲームに勝つことはできないのだ[1)]．

それではテレパシーの方はどうだろう？ もしそのようなものが存在すれば，念じることで遠隔地に通信できることになってしまうだろう．一方，ベル・ゲームではゲームに勝つのに通信を必要としないという点において，大きな違いがある．ゲームの出力はランダムに，しかし連繋した形で生成されていれば十分である．アリスとボブの各々の装置は，お互いがしていることを何らかの意味で「知っている」必要はあるものの，プレーヤーがこの「知識」を利用して情報を送信することはできない．したがって，装置がまるでテレパシー的な挙動を示しているように見えたとしても，ベル・ゲームに勝つためにプレーヤーがテレパシーを使っているというわけではない．

個人的には，装置がテレパシーの能力を備えているという考えはあまり好きになれない．そう考えたところで，何ら私たちの理解の助けになることはないからだ．それは単に「非局所性」を「テレパシー」という別の用語に言い換えたに過ぎない．もしこの用語が理解に役立つと感じるならばそうしてもよい．ただし，テレパシーを行っているのは人ではなく装置であり，またその中に鎮座する結晶に過ぎないということは心に留めておくべきである．もっとも，テレパシーには送信者と受信者が伴うという点において誤解を招く懼れがある．後になって私たちは，このテレパシーの考えはほとんど不可能であることを知ることになる．実のところ，ベル・ゲームやこれに関連する実験においては，アリスとボブの役割は完全に対等なのだ．送信側と受信側などという区別はどこにもない．

---

1) この意味で，もつれた光子対について述べる際によく用いられる「双子の光子」という描像は —— それは実際にベル・ゲームに勝つのに利用**できる**にしても —— 極めて誤解を招きやすいものである．

連繫と通信とは別物

非局所的な統一体という考えは，瞬時に行われる通信の概念を思い起こさせる．ニュートンの万有引力の理論における，非局所性に対する彼自身の反発を思い出そう．実際，アリスとボブの装置がベル・ゲームに勝つことができるのは，二人が操作棒を左右に倒した後に，それらの装置が何らかの連繫作業を行っているからである．ところが2つの装置は遠くに離れているので，それらは遠距離間でも連繫できるようになっていなければならない．かつてアインシュタインはこれを「奇怪な遠隔作用」と呼んだが，この表現はそのようなものに対する物理学の巨人が抱いた嫌悪感を明確に強調したものである．しかしながら，驚くべきことに今日，多くの実験がアインシュタインの直観に反して量子論が正しいことを裏づけている．現にこの自然界では，遠くにある装置が連繫できるようになっているのだ．

しかしながら，連繫は通信を意味するわけではない．とは言え，実際に通信を行わないで連繫することなどできるのだろうか？ 私たち人間にはそのような離れ業はできないので，そのような連繫がどのように行われているかを想像することは極めて難しい．実は通信することなく連繫するためには，装置の出力がランダムに生み出されていなければならないのである．これを理解するために，逆のことを仮定してみよう．つまり，装置はあらかじめ決定された出力を生成しているものとする．すると，この後すぐに見るように，アリスとボブは何ものも伝送することなく通信ができることになってしまう．しかし，そもそも伝送を伴わない通信は不可能であるため（59ページのBOX 5を見よ），ベル・ゲームに勝つことのできる装置は，あらかじめ決められた結果を出力しているのではないという結論に達する．

話をわかりやすくするために，アリスの装置がいつも $a = 0$ を出力することがあらかじめ決められた単純な場合を想像しよう．ボブは $y = 1$ を選択するものとする．ボブは，もし自分の出力が $b = 0$ ならば，$a = b$ なのでおそらくアリスは $x = 0$ を選択したものと推定できる．逆に，もし出力が $b = 1$ ならば，$a \neq b$ なので，おそらくアリスは $x = 1$ を選択したものと推定できる．実際，ベル・ゲームでポイントを獲得するのはこのような場合であったことを思い出そう[a]．BOX 7 は，この重要な結論が，アリスの選択に応じた出力がどのような決まり方をする場合であっても，変わらないことを示している．

このことからわかることはこうだ．仮にアリスの装置が（49 ページに提示した 4 つのプログラムの 1 つに従って）出力 a をある決定論的な方法で生成していて，その方法をボブが知っているとすると，ボブは彼の装置に表示される出力からアリスの選択を推定できる．したがって，この仮定によると，ボブは遠く離れた場所でアリスの思考を読み取ることができてしまう．実際，ゲームでポイントを得るたびに，ボブはアリスの選択を正しく言い当てることができる．ベル・ゲームに勝てるならば，この種の通信がありふれたものになってしまう．

そのような通信は，伝送時間がアリスとボブの間の距離に依存しないため，ほとんど瞬時に行われることになる．とりわけ，通信速度が光速を超えることも可能だ．ただし，ここでの議論に光速は関係していない．なぜなら，アリスとボブをさらに遠くに離すことによって，どんな速さでも超えることができるからだ．より重要なことは，アリスとボブの間に情報を運ぶ伝送媒体を必要としないため，非物理的な形態の通信があり得ることになってしまうということだ．しかし，そもそもそのような伝送を伴わない通信は不可能なのである（59 ページの BOX 5）．

BOX 7　決定論は伝送を伴わない通信を可能にする

決定論の仮説に従えば，操作棒が倒される方向に応じて各装置の出力が決まる何かしらの関係が存在する．しかし，そうであれば，そのアリスの操作棒が倒れる方向と装置の出力の間の決定論的な関係 —— それがどんなものであれ —— を利用して，ボブは遠くのアリスの選択を読み取ることができるだろう．結果として，伝送

a) 訳注：ベル・ゲームでポイントを得るのは $a+b=x \times y$ が成り立つときである．ここでは常に $a=0, y=1$ と仮定しているので，この条件は $b=x$ のときに満足される．よって，ベル・ゲームに高頻度で勝つことのできる装置を持っていれば，ボブは自分の装置の出力 b からアリスの選択 x を推定できることになる．例えば事前に「$x=0$」が「Yes」を，「$x=1$」が「No」を意味するなどと約束しておけば，アリスからボブへの伝送を伴わない通信ができることになってしまう．

を伴わない通信が可能となってしまう．ところがそのような通信は不可能だから，（その前提であった）決定論もまた不可能だということになる．この結論を納得するために，第二の例を調べてみよう．

アリスの装置は常に，操作棒が左に倒された場合 $(x = 0)$ は $a = 0$ を出力し，右に倒された場合 $(x = 1)$ は $a = 1$ を出力するものとしよう．これは第 2 章で説明したプログラム 3，つまり $a = x$ が成り立つ場合に対応する（49 ページを見よ）．この場合，ボブは操作棒を左に倒す $(y = 0)$ ことによって，自分の装置の出力からアリスが倒した操作棒の方向を推定することができる．例えば彼の出力が $b = 0$ ならば，このときにベル・ゲームでポイントを得るのはアリスが棒を左に倒すときのみなので，アリスはおそらく左を選択したものと推定できる．実際，ボブの選択は $y = 0$ なので，ポイントを得るためには $a = b$ でなければならない．そのためボブが自分の出力 $b = 0$ を知ったならば，アリスの出力も $a = 0$ であることを推定できるが，これは $x = 0$ の場合，すなわちアリスが操作棒を左に倒した場合にのみに起きる[b]．

実のところ，x の選択から出力 a を決める関係がどのようなものであっても，この結論は正しい．このことを納得するには，ボブは方程式 $a + b = x \times y$ における 4 つの変数のうち，選択 y と出力 b の 2 つを知っているということに注意すれば十分である．その上で，もしボブが関係 $a = f(x)$ （x の関数としての a の決め方）を知っているならば，そこからアリスの選択 x を求めることができる．例えば，もし $a = x$ という関係であれば，$a + b = x \times y$ は $x + b = x \times y$ と書き直すことができるので，ボブが $y = 0$ を選べば，$x = b$ が成り立つことになる[c]．つまり，ボブの装置の出力はアリスの選択 x と等しくなる．

操作棒が倒される方向によってアリスの出力が決まる関係は，1 分ごとに変化するかもしれないが，各時刻での関係は定まっており，それはずっと前からあらかじめ設定されてるものと考えられる．もしそうであれば，ボブが 1 分ごとの関係を知ることを妨げる理由は何もない．すると，ボブは各時刻における関係を用いて，アリスが操作棒を倒した方向を高確率で言い当てることができる．あたかもボブが遠隔地にいるアリスの考えを読み取れるかのように．結局のところ，伝送を伴わない通信が可能だという結論は変わらない．

---

b) 訳注：ボブの出力が $b = 1$ の場合も同様である：ボブの選択は $y = 0$ だから，ポイントを得るため（つまり $a + b = x \times y = 0$ を満たすため）には $a = b$ でなければならない．この場合の前提 $x = a$ より，$b = 1$ から $x = 1$ がわかる．つまりアリスは右を選択したと推定できる．

c) 訳注：x, b はビット値であるため，等しいときに $x + b$ が 0 となることに注意．

要約すると，アリスとボブの装置が遠隔地間で連繋することはできるが，それを利用した通信ができないためには，各装置の出力は決定論的に生成されてはならない．出力は，非局所的で偶然的な過程を通して，必ずランダムに生成されなければならないのだ．

非局所的なランダム性

先ほど，アリスとボブの出力が偶然の産物でなければならない理由を見たが，このランダム性はアリスの装置とボブの装置で独立なものではない．実際，**アリスとボブの装置では，偶然でありながら同じ事象が生じている**のだ．これにはとても興味をそそられる！　偶然はそれ自体で興味深い概念だが，ここではそれに加えて，偶然ながらも同じ事象が遠く隔たった 2 つの地点に現れるというのだ．この説明は私たちの常識では理解できないものだが，それを避けることはできない．読者がこれをどうしても納得できないとしても，多くの物理学者たちも同じように困惑しているのだから安心してほしい．かのアインシュタインもその一人であり，実のところ，彼はベル・ゲームに勝てることを決して信じなかったのである[d)]．

そこで第 5 章において，あらためてこの「非局所的なランダムさ」に注目し，第 6 章では，ベル・ゲームに勝つことを可能にする実験を説明する．第 9 章では，局所性の考えを放棄しないで済むような抜け道がないかを見るために，これらの実験の妥当性をつぶさに調べることにする．

しかし，本章を終える前に「説明」についての話に戻そう．この言葉に引用符を付けたのは，今や私たちは説明が何を意味するのか，それに何を求めているのかを問う段階に至ったからだ．基本的に説明とは解明すべき現象に

---

d) 訳注：アインシュタインはベルの論文が 1964 年に発表される 9 年前に亡くなっているので，ここでは少し補足が必要だろう．アスペによる「はしがき」や第 5 章でも触れられているように，アインシュタインはポドルスキーとローゼンとともに 1935 年に提出した EPR 論文の中で，量子もつれ（EPR 相関）に基づいて，むしろ局所的な実在が存在することを想定していたのである．この局所的な実在は，ベル・ゲームでは第 2 章の局所的な戦略に相当する．ところが，すでに見てきたように，局所実在（局所的な戦略）を用いては決してベル・ゲームに勝つことができない．現実には量子もつれを用いてベル・ゲームに勝つことができているので，逆に局所実在は存在しないことになる．これはアインシュタインたちにとって想定外の結論であっただろう．

ついての物語と見なすことができる．それゆえ，単に非局所的なランダムささを語るだけでは説明になっていないと考える人も出てくるだろう．しかしそれでもなお次の結論を避けて通ることはできない．ベル・ゲームに勝つ方法を教えてくれるような，空間においては局所的で，時間においては連続的に物事が起きる筋書きの物語を見つけることは不可能なのだ．

ここで，ニュートンと同時代の人たちが，皆が地球の中心に向かって落ちていくという「説明」を飲み込むように求められたときのことを想像しよう．これは説明と言えるだろうか？　その答えは「はい」とも「いいえ」とも言えないだろう．重力による説明は，時間的に生じること（私たちは落ちる）と，空間的に生じること（地球に向かう）を語る上で大きな利点を備えているが，それではなぜ私たちの体が，たとえ目をつむっていても地球がどこにあるかを「知っている」のかという問題については，未解決のままである．

非局所的なランダム性に基づいた説明は，この自由落下の説明よりもいっそう不満足なものかもしれない．しかし話の要点は，ただ局所的な実体に基づく説明はあり得ないということにある．ベル・ゲームに勝てるという事実こそが，**自然が非局所的である**ことを証明しているのだ．

それならば，何らかの説明を考え出す試みを一切合切，放棄すべきなのだろうか —— そうではあるまい！　むしろ私たちは非局所的なランダム性，つまり空間をある点から隣の点へと伝わることなしに，いくつかの遠隔地点に生じる逃れようのないランダムさといった，非局所的な特徴に関する物語を語ることを認めなければならないのだ[2)]．非局所性は，私たちが自然の内なる働きを語るために使う概念的な道具の幅を拡げさせるのである．

もう少しイメージを膨らませるために，各々の操作棒を倒すことで投げら

2) 私はなにも，非局所的なランダム性の観点に基づく説明が，完璧で決定的なものだと主張したいわけではない．ただ，科学者というものはいつだってよりよい説明を見つけようとしているが，とりわけこの件に関しては，それがどんなものであれ，必然的に非局所的にならざるを得ないことを言いたいのだ．今後の歴史が最終的に採用するような説明は，現代の物理学を超えて，量子物理学が近似として取り込まれるような新しい物理学の発見へと導くことにはなるだろう．しかし，この新しい物理学は，相変わらずベル・ゲームに勝つことを可能とするはずだ．さもなければ，それは実験事実と合わなくなってしまうから．それゆえ，その新たな説明であっても，それは再び非局所的なものになるだろう．

れる，ある種の非局所的な2つの「サイコロ」を想像してみよう．アリスが操作棒を方向 x に倒すと出力（サイコロの目）a が得られ，ボブが操作棒を方向 y に倒すと出力 b が得られる．a と b はともにランダムに現れるが，これらのサイコロは，ベル・ゲームに勝つために，すなわち式 $a+b=x\times y$ を頻繁に満たすように，お互いに出力を「誘導し合っている」．

自然界が決定論的なものではなく，本質的なランダム性が実際に存在することを認めた瞬間から，このランダム性は必ずしも（古典物理学における確率論と）同じ法則に支配されているわけではないことも認めなければならない[3]．加えて，通信に利用できないとすれば，このランダム性が同時に複数の場所において現れることを原理的に妨げるものは何もないことも認めなければならない．

真のランダム性

これまでに，ベル・ゲームに勝てるという事実の下でも，任意の速さでの遠隔地間の通信を避ける唯一の方法があることを見た．アリスの装置が毎分生み出す出力が，あらかじめ決められたものではなく，真にランダムな形で生成されるという状況がそれである．逃れようのない本質的なランダムさが存在するという前提のみが，ボブがアリスの選択と出力の関係を知ることを防ぐことができる．そこに真のランダム性がなければ，ボブは最終的にはその関係を見つけ出すだろうし，物理学の世界もまたそうであろう．

---

3) 古典物理学では，すべての測定の結果はあらかじめ決定されている．ある意味で，それは測定される系の物理状態に書き込まれているのだ．確率は，正確な物理状態に対する私たちの無知さに起因している．この無知さゆえに，科学者は統計的な方法やコルモゴロフの公理に従う確率の計算法を用いざるを得なくなる．ところが量子物理学では，たとえ系の状態を正確に知っていたとしても，測定結果はあらかじめ決まらない．これこれしかじかの結果が現れる傾向性のみが，測定される系の物理状態に書き込まれているのだ．これらの傾向性は（古典物理学での確率と）同じ法則には従わず，コルモゴロフの公理を満たさない〔訳注：ただし量子物理学でも，物理系の状態と測定を固定すると，測定値が得られる確率はコルモゴロフの公理を満たす〕．しかし，それにもかかわらず量子物理学のある種の結果は，あらかじめ決まっていることを注意しておきたい．量子物理学の数学的理論の構造（ヒルベルト空間）は，正確に知ることのできる純粋状態と呼ばれる状態に対しては，あらかじめ決定されている結果の集合が，他のあらゆる結果の傾向性を一意に定めるようになっている．この意味で，量子物理学の傾向性は，古典物理学における決定論の論理的な一般化になっている [16,17].

こうなると，私たちは，アリスの装置が出力を局所的に生み出すという考えも放棄しなければならない．二人には出力が偶然に見えるとしても，出力のペアを局所的ではなく大域的に生み出しているのは，互いに連携する2つの装置だということになる．

真のランダム性とは何かについて掘り下げて考える価値がある．偶然のように見える事象の典型例として，コイン投げで裏表を決めるゲームやサイコロ投げがある．いずれの場合でも，生じる結果を事実上予測することができない原因は，コインと空気分子の衝突や，サイコロが跳ねる表面の粗さなどの微視的現象の複雑さにある．しかしこの場合，予測が不可能であることに本質的な理由はない．それができない理由は，単に多くの些細な要因が集まって最終的な結果を作り出したに過ぎないからだ．もし仮に，サイコロ投げや空気の分子，それからサイコロが跳ねて最終的に静止する表面の初期条件が与えられていて，その上でサイコロの運動を十分に注意深く，適切な計算手法を用いて追跡することができれば，我々はサイコロの目を確実に予言することができるだろう．したがって，ここに真のランダム性はない．

もう1つの例は，ここで区別したい事柄をよりいっそう明確にするだろう．技術者は，数値計算によるシミュレーションを行う際に，いわゆる疑似乱数を使用することがある．実際，多くの問題がこの方法で分析されている．例えば，航空機の開発を考えてみよう．技術者は，何十もの試作品を製造して一つひとつテストする代わりに，これらの試作品を大規模なコンピュータ上で作成し，シミュレーションを行う．プログラムの中で疑似乱数は，風などの予想不可能な影響で常に変化する飛行条件をシミュレートするために使用されている．これらの乱数は，決定論的な機械であるコンピュータによって生成され，偶然性は関与しない．つまり，これらの数は実際にはランダムではなく，ちょうどサイコロ投げの結果と同じようなものである．それゆえ「疑似」と修飾されているのだ．生成された1つの疑似乱数に対して，次の疑似乱数もあらかじめ決まっているのだが，その関係性は非常に複雑なので，簡単には推測できないことが保証されるだけなのだ．一見すると，それで十分であり，コンピュータが作り出す疑似乱数と真のランダム性によって生成された乱数には何ら違いはないと思うかもしれない．しかしそれは誤りである．事実，疑似乱数に基づいたシミュレーションでは完璧に振る舞うが，現実にはひどい飛び方をするような航空機の試作機が存在する [18, 19]．そのようなケースは稀ではあるが，疑似乱数を生み出すプログラムがどれだけ精巧であったとしても起こり得る．その一方で，真に偶然な方法で作られる乱数にはそのような病的なケースは生じない．したがって，サイコロ投げのような外見上の偶然性と，通信を伴わずにベル・ゲームに勝つために必要とされる真の偶然性には，本当の意味での違いがあるのだ．さらに，この先私たちは，真のランダム性の存在が社会にとって有用な資源（リソース）となることを知るだろう．このことは第 7 章で説明する．

真のランダム性が通信を伴わない非局所性を可能にする

最後にこれまでの話をまとめておこう．通信しないでベル・ゲームに勝つためには，アリスとボブの装置の出力は必ず真の偶然によって作り出されていなければならない．このランダム性は原理的なものであって，込み入った決定論的な仕掛けで生成される類のものではない．このことは，自然界は真の意味での創造が可能であることを意味する！

そこで，アインシュタインのように「神はサイコロを振らない」と主張するのではなく，「なぜ神はサイコロを振るのだろうか？」と問うてみよう [20]．その答えは，そうすることによって初めて，伝送を伴わない通信を許すことなく，自然界が非局所的になり得るからというものである．そしてひとたび自然界が真に偶然的な事象を生み出すことを認めるならば，ランダム性がどこか 1 つの場所に局在して出現しなければならない理由はなくなる．真のランダム性は同時に複数の場所に出現できるのだ．そのような非局所的なランダム性は通信に利用できないのだから，その現れ方をこれといって制限する理由もない．

このようにして，我々は一見するとまったく異なる概念である「偶然性」と「局所性」が，実際は密接に関連しているという事実にたどり着いた．実際，真のランダム性（偶然性）がないとしたら，伝送を伴わない通信を避けるためには局所性が必要になる．しかし，この世界には真のランダム性が存在しており，それは非局所的な形で出現できるのだ．私たちはこの事実を心に留めておかなければならない．そして，複数の場所に生じるランダム性，すなわち，遠く隔たった 2 つの場所に連繋して生じるような非局所的なランダム性の描像に慣れなければならない．この非局所的なランダムさは決して通信に利用できない —— 言い換えれば通信なしの非局所性は可能ということを，我々の直観に刷り込まなければならない．アリスとボブの風変わりな「電話」によって作り出されるノイズは，それが決して通信には利用できないという意味で，ただ「聞く」ことしかできないが，それでもそれを利用してベル・ゲームに勝つことは可能なのである．

4

量子複製の不可能性

通信を伴わない非局所性は，他にも驚くべき結果をもたらす．その一例が，量子複製（量子的なクローン生成）の問題に関するものだ．これまでの話でいうと，ボブの装置のコピーを作ることに相当する．この比較的単純な例は，第７章と第８章で見るように，量子暗号や量子テレポーテーションの核心を成すことになるため，一見の価値があるだろう．

近頃，動物のクローンは当たり前のことになってきた．人間のクローンだってすでに手の届くところにあり，今世紀末までには現実のものになるに違いない．このことが引き起こすだろう情緒的な反発やスキャンダルはさておき，量子の世界においてクローンが可能かどうかを考えてみたい．言い換えれば，原子や光子の世界に属する物理系をコピーすることはできるだろうか？　物理学者は，アリスやボブの装置のクローンを，すなわちその完全なコピーを作ることはできるのだろうか？

話をもう少し正確にしよう．まず，すべての電子はもともと厳密に同一[a]なのだから，電子を「コピー」することは馬鹿げている．しかし本をコピーする場合，私たちは単に同じ体裁（判型）で同じページ数の本を作るわけではない．そのコピーは厳密に同じ情報を，つまり同じ文章や絵を含むものでなければならない．それと同様に，電子のクローンも元の電子と同じ「情報」を持っていなければならない．つまり，平均の速度やその非決定性[1]が同一でなければならず，他のすべての物理量に関してもまた然りだ．ただし，元の電子はこちらにあり，クローンされた電子はあちらにあるという状況を考

a)　訳注：光子など他の素粒子がそうであるように，すべての電子は同じ質量，電荷，スピン（自転角運動量）の大きさを持っており，これらは量的には厳密に等しい．そのため，個々の電子をこれらの点で区別することはできない．

えたいので，それぞれの平均的な位置だけは異なってもよいとする．

本章では，実際にボブの装置をクローンできるかどうかを考えたい．私たちは以前，二人の装置の核心的要素は量子もつれと呼ばれる量子的な性質を持つ結晶にあることを見た．したがって，ボブの装置をクローンすることは，最終的にはこれら量子的な実体にその量子的な性質を載せてクローンするということになる．

BOX 8 ハイゼンベルクの不確定性関係

ヴェルナー・ハイゼンベルクは，量子物理学の主要な創始者の 1 人である．とりわけ，彼は不確定性原理（uncertainty principle）の提唱者としてよく知られている．この原理によれば，粒子の位置を一定の精度で測定すると，必然的にその粒子の速度[b]が乱されてしまうことになる．逆に，粒子の速度を正確に測定すると，今度は必然的にその位置が乱されてしまう．それゆえ，我々は粒子の位置と速度を，同時に正確に知ることは決してできない．現代的な量子物理学は，この原理を「粒子は正確に決定された位置と正確に決定された速度を同時に持つことはできない」という事実として理論の中に組み込んでいる．そのためこれを語る際は，むしろ「非決定性」（indeterminancy）という用語を使った方がよい．本書ではハイゼンベルクの原理に対して「不確定性」（uncertainty）の用語を用いることはあるが，「物理量は不確定である」という言い方は避けることにする．代わりに，「物理量は非決定的である」と言い，また「不確定性」は「非決定性」と言うことにする．

---

1) 歴史的な理由から，物理学者はしばしば量子の不確定性という言い方をすることがある．しかし，（不）確定性という用語は，物理系というよりはむしろ観測者に関する事柄を指すことになるため，今日では量子の非決定性という用語（BOX 8 を見よ）が好まれる．〔訳注：「不確定性」は量子力学の草創期から広く使われてきた用語であり，現状ではまだ「非決定性」がこれに置き換わっているわけではない．〕

b) 訳注：この「速度」は正確には「運動量」のこと．なおこのコラムの重要なポイントは，以下の点にある：「不確定性」という用語は，本来は決まった値を持つ（運動量のような）物理量が存在するが，測定に伴う誤差や乱れ（擾乱）によってその値を正確には知ることができないかのような解釈を招きかねない．ところが量子物理学では（一般的には）測定前に値の決まった物理量の存在そのものが否定されており，したがって「非決定性」という用語の方がより相応しい．

量子複製はあり得ない通信を許してしまう

後ほど述べるように，量子系のクローンの不可能性は，量子暗号や量子テレポーテーションといった応用に本質的な役割を果たしている．この不可能性を立証するために，ここでは**背理法**を用いることにしよう．つまり，量子系のクローンが可能であったと仮定して，何かしらの不合理 —— ここでは伝送を伴わない通信が許されてしまうこと —— を示す．そうすれば，伝送を伴わない通信の不可能性を前提に，量子複製もまた不可能であると結論できることになる．

そこで，ボブが自分の装置のクローンに成功したと想定しよう．より正確にいえば，装置の心臓部である結晶のクローンに成功したとする．装置のそれ以外の部分は単に複雑な機械じかけのものであり，簡単に複製できるだろう．さて，今やボブの左側と右側にはクローンによってできた 2 つの装置がある．各装置には左右に倒せる操作棒があり，1 秒後にそれぞれの装置が出力を生成する．もしこれら 2 つの装置が真のクローンであるならば，それらが作り出す出力は両方ともアリスの装置の出力と相関しており，そしてそれぞれがアリスの出力と組み合わせてベル・ゲームに勝てるようになっているはずだ．ここでボブは，操作棒の倒す方向を選ぶ必要がなく，左右両方の結果を同時に試すことができることに注意しよう．つまり，彼は左側の装置の操作棒は左に，右側の装置の操作棒は右に倒すことだってできるのだ．すると，ボブはこれら 2 つの装置の出力結果から，遠く隔たった地にいるアリスの選択を推定することができるようになる．以下，その方法を説明しよう．

まず，ボブの 2 つの出力が同じ場合，つまり，2 つの装置の出力が両方とも 0 か，あるいは 1 となっている場合から見ていこう．この場合，おそらくアリスの選択は $x = 0$ であっただろう．というのも，もしアリスが $x = 1$ を選んでいたのなら，ボブの右側の装置（$y_{右} = 1$ が選択されている）の出力はアリスの出力と異なるはずであり（$(x, y_{右}) = (1, 1) \Rightarrow a \neq b$ に注意），一方でボブの左側の装置（$y_{左} = 0$ が選択されている）の出力はアリスの出力と同じになるはずである（$(x, y_{左}) = (1, 0) \Rightarrow a = b$ に注意）．ところが，これはボブの 2 つの出力が同じであることに矛盾する．同じような議論から，ボブの 2 つの出力が異なる場合は，おそらくアリスの選択は $x = 1$ だったと推定できる．BOX 9 に，このちょっとした議論を初等的な二進法を使った方法でまとめておいた．

したがって，仮にボブの装置のクローンができてしまうと，ボブはアリスからどんなに離れたところにいても，彼女の選択を高い確率で推定することができてしまう．これでは，いくらでも速くて伝送を伴わない通信が可能となってしまう．読者の中には，「スコアは 4 までは行かず，ただ有意に 3 を超える程度なのだから，ボブはアリスの選択の推定を間違えることもあるのでは？」と思う者もいるかもしれない．確かに，ボブは時々間違えるだろう．しかし，ボブが 2 回に 1 回を超えて正しく推定できるならば[2)]，通信するにはそれで十分なのである．ただし，通信には多少のノイズがつきものだから，ボブがアリスの選択をほとんど確実に推定できるようにするためには，（アリスはいつも同じ選択をした上で）通信を何度も繰り返す必要がある．実のところ，これは現在使用されているすべてのデジタル通信で行われていることなのである．インターネットやその他の通信プロトコルでは，受信者に送るメッセージを小さな塊に小分けにして送っている．通信にはエラーがつきも

BOX 9

量子複製不可能定理

ボブの左右にある 2 つの装置が生成する出力をそれぞれ $b_{左}$ と $b_{右}$ としよう．ベル・ゲームに勝つことは，$a + b_{左} = x \times y_{左}$ と $a + b_{右} = x \times y_{右}$ の式が高い頻度で成り立つことを意味している．これらの式を辺々足し合わせると，

$$a + b_{左} + a + b_{右} = x \times y_{左} + x \times y_{右}$$

を得る．ここで，式中の記号はすべてビット値（0 か 1）であり，和は 2 を法とする演算であるから，結果もビット値に限られることを思い出そう．特に，$a + a = 0$ が成り立つ．また，ボブの左側の装置の操作棒は左に（$y_{左} = 0$），右側の装置の操作棒は右に倒される（$y_{右} = 1$）のであった．これらを代入していくと，最終的に $b_{左} + b_{右} = x$ を得る．ボブはこの式を利用して，自分の 2 つの出力を足し合わせることにより，アリスの選択 x を高い確率で知ることができてしまう．

2) 実際，アリスとボブが 4 回のうち 3 回を超えてベル・ゲームに勝てるならば，ボブがアリスの選択を 2 回に 1 回を超える頻度で正しく推定できることを示せる．

のなので，メッセージは最終的なエラー確率が無視できるほど小さくなるまで，何度も送られているのだ．

まとめると，ベル・ゲームに勝てるということから量子系のクローンが不可能であることが結論づけられる．物理学者はこれを量子複製不可能定理（no-cloning theorem）と呼んでいる．これは量子物理学における極めて重要な結果である．直接これを証明するのも数学的には簡単なのだが[c)]，ここではこの定理が通信なしの非局所性の存在という概念からも直ちに導かれることを説明した．このことは，あらためてこの概念の重要性を際立たせる．

DNA はどうしてクローンできるの？

量子系はクローンできないのに，どうして動物をクローンすることができるのだろう．DNA として知られる生体高分子だって量子系ではないのか？ノーベル物理学賞受賞者のユージン・ウィグナーが初めて量子クローンの問題を論じたのは，まさにこの疑問からであったことは注目に値する [21]．実際，彼は生物学的なクローンもまた不可能であると結論づけることになったが，それは間違いであった．確かに DNA は量子系である（少なくともそうである可能性は高いと思われるし，実験的に検証されたことはないが，物理学者であれば誰もそれを疑わないだろう）．ところが，DNA 内の遺伝子情報は，量子系として許されるうちのごく一部の情報を用いて符号化されているに過ぎないことがわかっている．そのため，このわずかな情報をクローン（複製）することを妨げる基本的障壁は何もないのだ[3)]．なお，一般的な問いとして，生物における量子物理学の役割を探求することは興味深いことであり，それは現在注目される研究テーマの 1 つとなっている．

---

c) 訳注：物理系の状態にクローンを行うための線形変換（高校や大学初年級の数学で習う行列の演算）の結果に矛盾が生じることから，直ちに不可能性が導かれる．しかしこれは代数的な観点からのものであり，ここで述べられた通信なしの非局所性の存在という物理的な観点からも導かれることは興味深い．

3) 喩えて言うならば，情報が電子の位置情報だけを用いて符号化されており，速度に関する情報は用いていないようなものだ．この場合，電子の位置情報のコピーは可能である．これによって電子の速度がかき乱されることになるが，情報を運ぶのに速度は使っていないので何の問題もない．

余談：近似的なクローン

本章を終えるにあたり，少し主題から外れるが，科学好きの読者の興味を惹くいくつかの話題について述べておきたい．

まず，ここでは証明しないが，量子論でも劣化したコピーのような近似的クローンは可能であることと，可能な限りベストなクローンは，伝送を伴わない通信ができなくなる限界まで劣化しているという条件から正確に特徴づけられることを指摘しておこう [22].

量子複製不可能定理は量子論の多くの側面と密接に関連している．とりわけ，前にも触れたように，量子暗号（第 7 章）や量子テレポーテーション（第 8 章）などの応用にとって本質的である．それはまた，有名なハイゼンベルクの不確定性関係（77 ページの BOX 8）が意味を持つためにも必須なのである．なぜなら，もし量子系の完全なクローンができてしまうと，元の系に対しては位置の測定を，クローンした系に対しては速度の測定をすることができるだろう．そうすると，粒子の正確な位置と速度が同時に得られることになってしまうが，それは不確定性関係が禁止していることである[4]．

量子複製不可能定理のもう 1 つの重要な帰結は，レーザー光の生成の基盤となる誘導放出が，自然放出なしでは不可能だということである．さもなければ，誘導放出を利用することで光子の状態（例えばその偏光）の完全なクローンができることになってしまう[d]．またしても，誘導放出と自然放出の間の比は，通信なしの非局所性と矛盾しないクローンの最適限界に等しくなっている [25]．あらゆることが見事に調和しているのだ．量子論は驚くほど整合的で美しい．誘導放出と自然放出の比の公式を最初に導出したのはアインシュタインであった．もし彼が，忌み嫌っていた非局所性の概念から彼の公式が導かれることを知ったなら，さぞ驚いたことであろう．

量子複製と非局所性の関係について，最後にもう 1 つ付言しておこう．私

---

4) ここでは話を少し簡略化している．というのも，元の系の位置測定の統計とクローンした系の速度測定の統計は，ハイゼンベルクの不確定性関係を満たすようになっている可能性もあるからだ．実際のところ，歴史的にハイゼンベルクによって定式化された不確定性関係は，間違っていないにせよ曖昧な点がある（例えば [23]）．これを正確に定式化する 1 つの方法が，量子複製不可能定理とその最適な量子近似によって与えられる（例えば [24]）．

たちは，伝送を伴わない通信の不可能性が，ボブの装置を2つの装置にクローンする際の精度に制限を課すことを見てきた．もしボブのゲームを，より多くの操作ができるゲーム（または不等式）に置き換えたら何が起こるだろうか．例えば，操作棒がn種類の異なる方向に倒せる場合を考えてみよう．この場合，伝送を伴わない通信の不可能性は，ボブの装置をn個の装置にクローンする際の精度に制限を課すことになり，やはり量子クローンへの最適限界が得られる．その結果，非局所性を実証するためには，ボブもアリスも装置の数より多くの選択肢を持つ必要があり，それゆえ真の選択をしなければならなくなる．彼らは，すべての選択肢を（クローンした装置に）同時に実現することはできない [26]．ここで，我々は自由意志というものの重要性を垣間見ることになる．平たく言えば，アリスとボブはお互いに独立に自由な選択ができることが重要なのだ．独立な選択ができないのであれば，非局所性が現れることもない．

---

d) 訳注：原子がエネルギー的に高い状態から低い状態に状態遷移を起こすとき，そのエネルギー差に相当するエネルギーを持つ光子（その波長はエネルギーに反比例する）を放出する．この放出過程には2種類あり，1つは原子が自然に放出する「自然放出」であり，もう1つが周囲の電磁場（光子）によって刺戟されて放出する「誘導放出」である．このうち，後者の誘導放出では刺戟源である光子の波長や位相をそのままコピーした光子を放出するのでクローンを行うことに等しく，これを連鎖的に行って大量のクローン光子を作ることで，波長の揃った指向性の強いレーザー光を発生させることができる．一方，自然放出による光子の性質は（波長を除けば）揃っていないので，レーザー光には使えない．誘導放出の光子数と自然放出の光子数には一定の比例関係があり，このため誘導放出によるクローン光子には必ず一定の比率でノイズとしての自然放出の光子が伴う．その比例関係は，有名な黒体輻射のプランク分布則 —— エネルギーの量子化を前提として導かれ，量子論の幕開けとなった公式 —— との整合性から割り出すことができる．すぐ後に書かれているように，これを最初に行ったのがアインシュタインであり，それは1916年，彼がその前年に提出していた一般相対性理論の完成直後の仕事であった．

5

量子もつれ

量子物理学によれば，スコア 3 を超えてベル・ゲームに勝てる可能性を説明するのは，量子もつれ（エンタングルメント）[a] である．量子もつれは，量子物理学の多くの特徴の中の 1 つなどではなく，その最大の特徴に他ならないことを初めて明言したのは，量子物理学の生みの親の一人であるエルヴィン・シュレーディンガーであった [27]:

> 量子もつれは，量子力学の特徴の 1 つではなく，むしろ量子力学の特徴そのものであり，それは我々に古典的な思考形式からの完全な離脱を強いるものである．

本章では，原子や光子の世界を舞台にして，この驚くべき性質を紹介する（詳しくは [28] を参照）．

量子の一体性

量子物理学という奇妙な理論は，大雑把に言えば，空間的に遠く離れた 2 つの物体が 1 つの実体を成すことが可能であり，さらにそれがありふれたことでさえあると主張する！　それが量子もつれである．もつれ合う 2 つの物体のうち片方をつっつくと，まるで全体が震えるかのように振る舞う．詳しく言えば，まず最初に，私たちが「つっつく」と，つまりその量子的物体の測定を行うと，何かしらの反応が引き起こされるが，その応答（出力結果）は完全に偶然の産物であり，可能な候補の中の 1 つが選ばれる．量子論は，どの応答が選ばれるかの確率については，完全に正しく予言することができる．ところが，この応答は偶然の結果なので，もつれ合った実体が一体として反

---

a) 訳注：量子もつれ（entanglement）の訳語に関しては「はしがき」の訳注 c を参照．

応するということを利用して情報を送信することはできない．実際，受信者は単にノイズ —— 純粋にランダムな「震え」[b] —— を受け取るだけである．ここに来て，あらためて真のランダム性の重要性が認識される．もしかしたら，あなたはこう言うかもしれない．「もし片方の物体をつっつかなければ，他方の物体も震えないだろう．だから片方の物体をつっつくか，つっつかないかによって，他方に情報を送ることができるのではないか？」 しかし問題はこうだ —— いったいどうやって他方の物体が震えることを知ることができるのか？ それを知るためには測定を行う必要があるが，その測定自体が震えを引き起こしてしまう．手短かに言えば，どれだけ直感に反することであろうとも，2つのもつれ合った物体が実際に一体を構成していることを，簡単には否定できないのである．

理論的にはあらゆる物体同士をもつれさせることができるが，実際にこれまでに物理学者たちが実現してきたのは，原子，光子，そしていくつかの素粒子の量子もつれである．これまでにもつれた最も大きな物体は，ベル・ゲームの装置の箱の中にあるような結晶だ．量子もつれの性質は，もつれ合う物体が何であっても大差はないので，ここではこの手品のような量子の世界の性質を，電流を担う小さな粒子である電子を用いて説明することにしよう．

量子の非決定性

具体的な例から始めよう．電子は，その位置が定まっていない状態で存在することがある．ある特定の位置を占めるのではなく，むしろ雲のように広がっているのだ．雲に平均の位置（物理学者ならば「重心」あるいは「期待値」と呼ぶだろう）があるように，電子にも平均の位置がある．しかし，雲との決定的な違いは，電子はたくさんの水滴からできているのでも，また他のいかなる小滴によってできているのでもないことである．電子は分割することができない．電子は特定の位置を持たず，雲のような潜在的な位置のみ

---

b) 訳注：ここで「震え」とはランダムな結果を喩えたものである．ボブの測定に対する出力の確率は周辺分布として記述されるが，アリスとボブの系が量子的にもつれていても，アリスが遠隔地で何かしらの測定を行う場合と行わない場合で，ボブの周辺分布に何ら差は現れないことが示される．したがって，この方法を用いても情報を送ることはできない．なお，これも情報通信禁止則の一例である（第2章の脚注8を参照）．

を持っているのだ．それにもかかわらず，位置の測定を行うと電子は然るべき答えを返す ——「私はここにいるよ！」と．しかしながら，この返答は測定中にまったくの偶然によって生成されるものである．電子は位置を持っていないが，測定の過程において，あらかじめ答えの用意していない質問にやむを得ず返答するようなものだ．量子のランダム性は真のものであり，本質的にランダムなのである．

形式的には，この非決定性は重ね合わせの原理によって表現することができる．もし電子がここに，あるいはそこから右に 1 m の位置にいる可能性があるとき，この電子は「ここ」と「そこから 1 m 右」の重ね合わせの状態にある．いうならば，「ここ」にいて，**かつ**，「そこから 1 m 右」にもいるということだ．この例では，その電子は同時に 2 つの場所に非局在化されて存在している．そして電子はここで起きること，例えばヤングの実験での一方のスリットのところで起きることを察知し，またそこから 1m 右で起きること，すなわち他方のスリットで起きることをも察知することができる（粒子が 2 つの隣接するスリットを同時に通過する有名な実験にはトーマス・ヤング（1773-1829）の名が付けられている[c]）．したがって，電子は実際に「ここ」にあって，**かつ**，「そこから 1 m 右」にもあると言えるのだ[d]．しかしながら，ひとたび私たちがその位置を測定すると，電子は「ここ」，**または**，「そこから 1 m 右」

c) 訳注：ヤングは 1803 年に光線を 1 つの小さな穴に通し，それをさらに 1/30 インチ幅の薄いカードで 2 つに分けることで，これらを投影したスクリーン上に干渉縞が生じることを確認し，光の波動説を実証した．これは実質的には 2 つの隣接するスリットに通す実験と同等であることから，その後の 2 重スリット実験は総じて「ヤングの実験」と呼ばれている．なお，光は量子物理学では光子としての粒子描像も持っており，この 2 重スリット実験では光子が重ね合わせた状態として同時に 2 つのスリットに存在することから，スクリーン上の干渉縞が説明される．この状況は，ここで述べられている電子でも同様である．

d) 訳注：ここはあくまでもイメージを膨らませるための説明で，本当に電子が「ここ」と「そこから 1 m 右」の両方に同時に存在していると考えなければならないわけではない．重要なことは，観測を行う前から「ここ」**または**「そこから 1 m 右」のどちらかにいたという常識的な考えでは，実験結果（スクリーン上の干渉縞）が説明できないということにある．他に有名な例として猫の「生」と「死」の重ね合わせ状態を考える「シュレーディンガーの猫」の話があるが，当然ながら生と死が同時に実現している猫がいるわけではない．なお，重ね合わせ状態を具体的にどのように解釈するかに関しては，現在でも物理学者の間に統一的な見解はない．

のどちらか片方に，完全にランダムに現れる．

量子もつれ

したがって，1つの電子は特定の位置にあるというわけではない．同様に，電子が2つある場合でも，各々の電子に特定の位置がなくてもよい．ところが，これらの電子がもつれていると，2つの電子間の距離だけは正確に決まっているという状況が起こり得る．このことは次のことを意味している．2つの電子の位置を測定すると2つの測定値が得られ，それぞれの測定値はランダムな結果として得られるが，それらの測定値の差はいつも完全に同じ値になるのだ！　すなわち，個々の電子の測定結果の平均の位置（期待値）からのずれは，それらがランダムに得られた結果であるにもかかわらず，2つの電子で常に等しい．もし片方の電子の位置がその電子の平均の位置から少しだけ右にずれて測定されたならば，他方の電子の位置も（その電子の平均の位置から）少しだけ右にずれて測定され，そのずれは最初の電子のずれと正確に等しく，各々の電子の重心（期待値）から等距離の位置に測定されることになる．そしてこのことは，2つの電子（の各々の重心）がたとえどれだけ遠くに離れていても成り立つ．

このように，個々の電子の位置は定まっていなくとも，片方の電子と他方の電子との間の相対的な位置は定まっていることがある．一般にもつれた量子系では，それぞれの部分系は確定した状態にないにもかかわらず，全体としては確定した状態となり得る．2つのもつれた系にそれぞれ測定が行われた場合，その結果は偶然に支配されるが，それらは同じ偶然なのだ！　量子的なランダム性は非局所的なのである．

量子もつれは，個々の量子系に対して同じ物理量を測定した際に，同じ結果[e)]を生成する量子系の能力として定義することもできる．それは，いくつかの系に同時に重ね合わせの原理を適用することによって記述される．例えば，2つの電子が「1つはここにあり，もう1つはあそこにある」という状態と「1つはここから1m右にあり，もう1つはあそこから1m右にある」とい

e)　訳注：個々の量子系の出力結果はランダムだが，その相対的な関係は決定的で，いつも同じ結果になるということ．例えば上の例では，2つの電子の位置の差はいつも同じになる．

う状態が考えられる．すると，重ね合わせの原理によれば，これら 2 種類の状態，すなわち「1 つはここにあり，もう 1 つはあそこにある」状態と，「1 つはここから 1m 右にあり，もう 1 つはあそこから 1m 右にある」状態の 2 つが，重ね合わされた状態にあるということも起こり得る．これは量子もつれ状態の一例である．しかし，量子もつれは物理現象に非局所的な相関をもたらすものであり，単なる重ね合わせの原理以上の内容を含んでいる．例えば上記の量子もつれ状態では，測定されるまではどちらの電子もあらかじめ決まった位置にはいないが，第一の電子の位置を測定して「ここ」にあることがわかれば，第二の電子の位置は測定しなくても「あそこ」にあることが直ちにわかるのだ．

こんなことは可能なの？

個々の 2 つの電子の位置は決まっていないのに，どうしたら相対的な位置だけが決まっているということが起こり得るのだろう？　こんなことは身の回りの物体ではあり得ない．このことから，次のように考える者がいたとしてもおかしくない．つまり，実は量子物理学は（あるべき）電子の位置を完全には説明することができていないのであり，隠されてはいるが常に決まっている電子の位置を記述することができる，より完全な理論があるのではないだろうか？　これこそが，局所的隠れた変数の概念の根底にある直観なのである．ここで局所的というのは，各々の電子が他の電子とは独立にその固有の位置を持っていることを意味する．

しかしながら，この隠れた変数としての位置の仮説は，それ自体に問題がないわけではない．実のところ，測定可能な変数は電子の位置だけではない．私たちは電子の速さだって測定することができるが，それもまた非決定的なのだ．電子は確かに平均の速さを持っているが，速さの測定をすると，ちょうど位置測定の場合と同じように，その結果は可能な範囲の中から偶然によって生成されることになる．そして，またしても量子もつれのおかげで，2 つの電子が個々には決まった速さを持っていないにもかかわらず，（偶然によって得られる測定値の上では）両者はまったく同じ速さを持つことが起こり得る．そして，これは 2 つの電子が互いにどれだけ遠くに離れていても成り立つ．

実際，量子もつれはさらにもう一歩，先を行っている．2 つの電子は，個々には位置も速さも決まっていないが，互いの位置の差と速さの差はともに決まっているようにもつれ合う[f] ことが許されるのだ．もし隠れた変数としての位置があるならば，隠れた変数としての速さもあるはずだ．しかし，これは量子力学の根幹にあるハイゼンベルクの不確定性原理と矛盾する（77 ページの BOX 8 を参照）．ハイゼンベルクや彼の師であるニールス・ボーア，そして彼らの仲間たちは，局所的隠れた変数と呼ばれる「隠れた位置や速度」の仮説に強く反対した．これに対して，シュレーディンガー，ルイ・ド・ブロイ，アインシュタインは，複数の場所に同時に現れることができる真のランダム性を示唆する量子もつれの仮説と比べて，隠れた変数の仮説の方がより自然だとしてこれを支持したのであった．

その当時，そして 1935 年から 1964 年までの間は，第 2 章で述べたベルによる議論のようなものは発見されていなかった．そのため，この論争を実際の実験的検証 —— 例えば，ベル・ゲームに 4 回のうち 3 回を超えて勝つことができるかどうかに答えるなど —— によって白黒つけられるような物理的な実験は知られていなかった．もし局所的隠れた変数が存在するのであれば，量子系がベル・ゲームに勝つことは決してなかったはずである．（双子の遺伝子のような）局所的隠れた変数は，アリスとボブのいる場所で，2 つの装置によって生成される出力を局所的な方法で決定するプログラムの役割を演じる．しかし私たちはすでに，出力が局所的に決まっているならば，アリスとボブは 4 回のうち 3 回を超えてベル・ゲームに勝つことはできないことを見てきた．

当時は実験的検証ができなかったこともあり，この局所的隠れた変数の問題はすぐに感情的な論争を引き起こした．シュレーディンガーは，もしこの量子もつれの考えが本当であるならば，自分がこの件（量子力学の創設）に貢献したことを後悔するとまで書いている！　一方，ボーアについて言えば，ア

---

f) 訳注：ここで述べられている量子もつれ状態は，すぐ後で説明される EPR 論文で提示されたものと同じ状態であり，それは 2 つの粒子の位置 x_1, x_2 の差が一定 $x_2 - x_1 = L$（L は定数）かつ各々の運動量 p_1, p_2 の和がゼロ $p_1 + p_2 = 0$ となる量子もつれ状態である．2 つの粒子がともに電子であるような同種粒子の場合，それぞれの質量が等しいことから速度の和がゼロであることが導かれる．粒子の速さは速度の絶対値で定義されるから，これは 2 つの電子の速さが常に等しいこと，すなわち速さの差がゼロとなることを意味する．

インシュタイン，ポドルスキー，ローゼンによる 1935 年の論文（EPR パラドックス [29,30] [g]）に対する彼の反論 [h] からわかるように，ボーアは EPR 論文を自分への個人攻撃と見なし，その（量子もつれが示唆する）理念を徹底的に擁護しようとしていたのである．

アインシュタインは，ニュートンから何世紀も後に重力の局所的な理論を構築したことから，数々の偉大な科学者の中でも最も偉大な科学者と見なされている．1915 年に一般相対性理論が現れるまで，物理学は重力を非局所的なものとして —— 月面の石を移動させたその瞬間に，地球上の私たちの体重が変化する [1] といった具合に扱ってきた．したがって，原理的には，宇宙全体にわたって瞬間的な通信が可能となってしまう．しかし，アインシュタインの理論により，重力も 1915 年に知られていた他のあらゆる物理現象と同様に，空間の地点から隣り合わせた地点へと有限の速さで伝わることがわかったのである．アインシュタインの相対性理論によれば，もし月の上の石を移動させたら，地球や宇宙のどの地点でも，それを光速で伝搬する重力波を通して知ることになる．月は地球から約 38 万 km 離れているので，地球にいる人の体重が影響を受けるのは，およそ 1 秒後のことになるだろう．

物理学を局所的なものにすることに成功したアインシュタインは，その偉大な発見からわずか 10 年後，再び非局所性の問題と向き合わねばならないことになった．量子的な非局所性はニュートンの重力における非局所性とは大きく異なるものの，彼の概念的基盤を揺るがすこの脅威に直面して，静観してはいられなかったのである．彼の反応はわかりやすく，このような状況下では極めて論理的なものだった．それは，決定論や局所性よりもハイゼンベルクの不確定性関係の方を信用する理由などありはしない，というものであった．

---

g) 訳注：ここで触れられているアインシュタインらの論文（EPR 論文）は，[31] に収められている．

h) 訳注：ボーアの反論は上に述べた EPR 論文とまったく同じタイトルで執筆され，EPR 論文から程なくして同じ専門誌に掲載された [32]．

1) ここでは体重計で測った体重を想定している．ただし，私たちの質量が変わるわけではなく，地球と月が私たちに及ぼす引力に影響が生じるだけである．なお，細かいことを言うと，月の重心を，わずかながらも移動させるためには，石はロケットを用いて移動させなければならない．

量子もつれを用いてベル・ゲームに勝つ方法

1920 年代の新しい物理学を指し示す「量子 (quantum)」という言葉は，原子が取り得るエネルギー値が量子 (離散) 化されていることに由来する．つまり，原子のエネルギーは任意の値を取ることが許されず，特定の値の組の中から選ばれなければならない．実際，エネルギーの他にも多くの物理量が有限個の値しか取ることができず，それゆえ量子化されていると言われる．よく話に出てくる単純な状況は，2 つの値のみを取り得る場合である．それは量子的なビットに対応するものなので，物理学者はこれを量子ビット（qubit）という用語で呼んでいる．

量子ビットに対して行われる様々な測定は，ある種の「方向」によって表すことができる．光子の偏光の場合は，この方向は偏光板の向きに直接関係する[2]．したがって，これらの測定方向を図 5.1(a) のように，円周上の角度によって表すことができる．量子ビットに対して，これらの方向のいずれかを測定するたびに，その方向に「平行」であることを意味する結果 0 を得るか，その方向に「反平行」，すなわち，逆の方向を向いていることを意味する結果 1 を得ることになる．測定の方向を逆にすることは，単に 0 と 1 を入れ替えることになる．ある方向の測定を行って結果 0 を得ることは，その逆方向を測定して結果 1 を得ることと同等だからである．それぞれの量子ビットに対して，自由に測定方向を選択できることに注意しよう．しかし，測定行為は量子ビットの状態をかき乱してしまうから，同じ量子ビットを改めて別の方向に測定することはできない．他方，同じ方法で準備された量子ビット —— それらは「同じ状態にある」と物理学者は言う —— を多数生成することはできる．したがって，私たちは異なる複数の量子ビットに対して異なる方向の測定を選択することができ，与えられた状態の下での（個々の測定に対する）統計を得ることができる．

量子ビットが結果 0 を生成する確率は，その量子ビットが準備された状態

---

2) 偏光は，光子に付随する電場の向きによって決まる．光子が特定の偏光を持つとき，電場は空間のある定まった方向に振動しており，その方向が光子の偏光状態を決める．その方向は測定方向と因子 2 で関連しており，この因子のこともまた知る価値のあるものである．〔訳注：例えば，文中の測定方向が 180° 異なる（逆）向きの測定は，偏光の場合には因子 2 で割った 90° 異なる（直角の）測定に対応する．〕

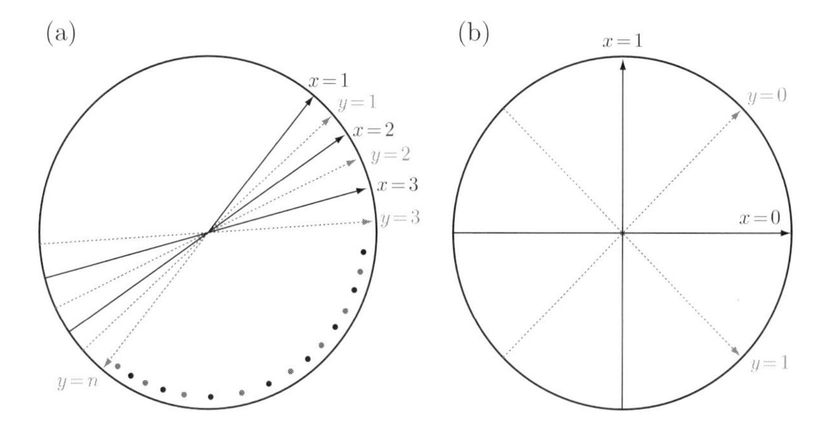

図 5.1 量子ビットに対して様々な「方向」の測定ができる．もし 2 つの量子ビットがもつれており，それぞれに対して近い向きの測定を行ったならば，それらの結果はほとんどの場合同じになり，強く相関していることがわかる．例えば，(a) において，2 つの量子ビットに対する測定がそれぞれ $x=1$ と $y=1$ の方向を向いているならば，生じる結果は強く相関する．$y=1$ と $x=2$ の方向，$x=2$ と $y=2$ の方向などでも同様である．測定の方向の違いが大きくなるにつれて相関は小さくなるが，それにもかかわらず，$x=1$ と $y=n$（$x=1$ と逆方向）の選択を行った場合は，互いに逆の結果（完全な逆相関）が生じることになる．ベル・ゲームにおいてはアリスとボブは，(b) に示されている（それぞれ 2 方向ずつの）測定を使用する．

（と測定方向）に依存する．しかし，その状態が何であれ，測定方向の近い 2 つの測定については，それらが結果 0 を得る確率も似通っている．言い換えると，測定確率には測定方向の変化に関して連続性がある．

もつれた 2 つの量子ビット[3] に対して，それぞれ同じ方向に測定すると，その結果はいつも同じ 0 か，または同じ 1 の値を取ることがわかる．なぜそうなるのだろう？　それこそが量子もつれの秘術なのだ．本章の節「量子もつれ」で議論したように，それぞれの量子ビットには潜在的な測定結果の雲のようなものがまとわりついているが，2 つのもつれる量子ビットの測定結果の差は常にゼロになる．したがって，もしアリスとボブがもつれる量子ビッ

---

3) 実現可能な量子もつれ状態の種類は無数にある．ここでは，物理学者が Φ^+ と表記する量子もつれ状態と，xy 平面内の測定を考えている．〔訳注：やや専門的な話になるが，量子もつれ状態 Φ^+ はベル基底と呼ばれる 4 種類の状態の中の 1 つであり，1 つの量子ビットに対する標準的な計算基底を $|0\rangle, |1\rangle$ とするとき $\Phi^+ = \frac{1}{\sqrt{2}}(|00\rangle + |11\rangle)$ で与えられる．〕

トのペアを共有しており，アリスがある方向 A の測定を自分の量子ビットに行い，ボブが角度 A に近い角度 B の方向の測定を自分の量子ビットに行ったならば，両者の結果が同じである確率は 1 に近くなる．ここで図 5.1(a) のように，ボブがアリスの 1 番目の測定方向よりも少しだけ右に傾いた方向を測定することを考えてみよう．さらにアリスは 2 番目の測定方向を $\tilde{A}$ として，ボブの 1 番目の測定方向に近いが，それよりもさらに少しだけ右に傾いた方向を測定したとしてみよう．これらの 2 つの測定方向は前の場合と同様に近いので，同じ結果を得る確率もやはり 1 に近くなる．

この議論を円周上の点から点へと続けていけば，最後にはボブの測定方向がアリスの最初の測定方向と逆になるところまで行く．ところが，逆向きの方向になると測定結果も必然的に逆になる！　ここに私たちはベル・ゲームに勝つ根拠となるアイディアを見出すことができる．結果はほとんどいつも同じになるが，それらが逆になる状況（測定）もあるのだ．ベル・ゲームにおいて，測定結果が互いに逆にならなければならないこの特別な場合は，アリスとボブがともに右側に操作棒を倒すときに対応する．2 つのもつれた量子ビットの例では，この特別な場合はアリスがこれらの測定方向の中での最初の選択をして，ボブが最後の選択（アリスと逆向きの測定）をする場合に対応する．なお，測定方向の個数に応じて，異なる形のベルの不等式が得られることが知られている．ベル・ゲームでは，図 5.1(b) に示すように，アリスとボブはそれぞれ 2 つの測定だけを用いる．この戦略を用いて，彼らはスコア 3.41[i] を獲得することができるのである．

量子の非局所性

あらためてこれまでの話を見直してみよう．量子論は —— そして，多くの実験が実証してきたように —— 自然界では 2 つの遠く離れた事象の間に，一方から他方への影響によるものでなく，また何らかの局所的な共通原因によるものでもない相関が生じ得ることを予言する．まず第一に，これをもう

i) 訳注：正確にはスコア $2+\sqrt{2} \simeq 3.4142..$ である．これは量子もつれを用いて実現可能な最大の値であり，チレルソン限界と呼ばれている．通信を伴わない相関で，理論的に考え得る最大のスコアは 4 まで取り得ることが知られているが，量子もつれの相関はそこまで「強い」わけではない．

少し正確に認識しておく必要がある．この相関の説明でまず排除されるのは，光速に至るまでの任意の速さで空間の点から点へと連続的に伝わる影響である（第 9 章と第 10 章において，この結果は，有限でさえあれば光速を超えるいかなる速さに対しても拡張できることを見る）．同様にして，空間の点から点に連続的に伝わる共通原因も除外される．これら 2 つのタイプの説明では，物事は局所的に起こり，それがある点から隣の点へと伝わることから，局所変数に基づく説明と呼ばれる．このことから，これらを「局所的な説明」または「局所変数[4)]による説明」と呼ぶのが標準的になっている．

ここで本当に注目してほしいことは，ひとたび点から点へと連続的に伝わる影響や共通原因に基づく説明を排除したならば，これに代わるいかなる局所性に基づく説明も不可能になるということである．このことは，これらのよく知られた相関の生成を，時間とともに空間の中で生じる物語として説明できないことを意味している．率直に言ってしまえば，これらの非局所的な相関は，ある意味で，時空の外側から生じているようにも思われるのだ！

しかし，ここで結論を出すのは性急すぎないだろうか？　とどのつまり，これらの非局所相関とは何なのだろうか？　まず，より簡単な後者の方から答えることにしよう．それらが非局所的と呼ばれるのは，これらの相関には局所的な説明がつかないからである．つまり，非局所性とは単に「局所的でないこと」―― より学者ぶって言えば，局所変数を用いて記述できないことを意味しているに過ぎない．修飾語としての「非局所的な」は否定の意味であり，それは，これらの相関が実際に何によるものかを教えるのではなく，むしろ，それらが「どのようなものではあり得ない」かを教えるものなのだ．それはまるで，物体の色が「赤でない」と言われているようなものだ．その言い方は，その物体が実際に何色であるかは語らず，ただ赤色ではないことだけを教えてくれるに過ぎない．

「非局所的」という言い方が，否定的な修飾語であるということの重要な側面の 1 つは，非局所的な相関が ―― 瞬間的にせよ，光速を超える超えないのいずれにせよ ―― 通信に使えることをまったく意味していないことにある．

---

4) 「局所的隠れた変数」という用語を好む人たちもいるが，それが「隠れている」か否かはここでの議論には影響しない．

いかなる形でも非局所的な量子相関が通信手段を提供することはない．非局所的な相関を用いた実験で，私たちに制御できることが光速を超えて伝わることはない．伝送がないため通信もない．ただ，局所的なモデルを用いたのでは観測結果を説明できないのだ．つまり，このことを時空間の中で（連続的に）起こる物語によって説明することはできないというわけである．

通信に利用できないという事実により，量子物理学が相対性理論と真っ向から衝突する事態を避けられる．これを「平和的な共存」[j] と表現する人もいるが [33]，これは現代物理学を支える2つの基盤を語る上で，いささか驚くべき表現である．そうではあるが，この2つの基盤はまったく相反する土台の上に成り立っている．相対性理論は根柢的に決定論であるのに対し，量子物理学は本質的なランダム性を伴う．相対性理論ではすべてが原理的に局所的であるが，量子物理学では局所変数によって説明できない相関が存在するのである．

量子相関の起源

本章を終えるにあたり，量子物理学の理論体系が非局所的な相関をどのように記述しているかを見ておこう．結局のところ，この体系はとてもうまく機能している．しかし，それは非局所的な相関が発生する仕組みを説明できているのだろうか？

この理論体系においては，奇妙な相関は量子もつれから生じ，私たちの住む3次元空間よりもはるかに大きな空間中を伝わる波のようなものとして記述されている．そのような「波」が伝わる空間 —— 物理学者はこれを配位空間と呼ぶ —— の次元は，もつれる粒子の数に応じて決まる．正確に言えば，その大きな空間の次元の数は，（各々の粒子に3次元空間が別々に割り当てられることにより）もつれる粒子数を3倍した数と一致する．配位空間における各点は，すべての粒子の位置をまとめて表しており，それは粒子たちが互いに遠く隔たっている状況も含んでいる．そのため配位空間では局所的な事

---

j) 訳注：「平和的な共存」（peaceful coexistence）は，もとは当時の米ソ冷戦状況を示す言葉であったが，これを借りて量子物理学と相対性理論との無矛盾性を端的に表現したものとして広く知られることになった．この言葉はシモニーによって初めて用いられたが，後年，彼は自身の考えを改め，この「平和的な共存」に疑義を呈している [34].

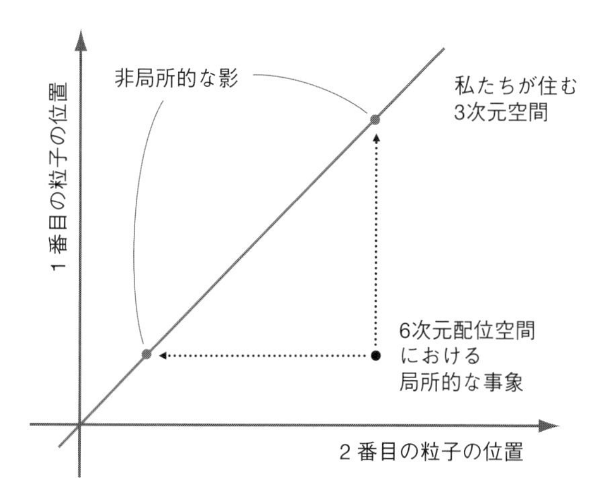

図 5.2 複数の粒子の状態を記述するために，量子論の理論体系では高次元の空間を用いる．直線（1 次元：図では 3 次元と示されている）上を運動する 2 つの粒子の場合，この空間は —— 1 枚の紙のように —— 2 次元空間（図では 6 次元配位空間と示されている）となり，図の各点は 2 つの粒子の「位置」をまとめて表している．私たちの住む空間は対角線に対応する．このとき，大きな 2 次元空間における事象を表す 1 点は，私たちの住む小さな 1 次元空間では（それぞれの粒子の位置の）2 点に投影されることになる．これら 2 つの影は，空間的に遠く離れていてもよい．

象であっても，まったく遠くに離れた粒子たちに対しても関与することができる．しかし，私たち人間は配位空間をそのまま見ることはできず，実際に起こっていることの影だけを見ているに過ぎない．それぞれの粒子は私たちの住む 3 次元空間にその影を投影するが，それは私たちの空間の位置に対応する各々の粒子の影である．したがって，1 つの事象が生み出す個々の粒子の影たちは —— 配位空間における 1 点から生み出される影であったとしても —— 私たちの空間では互いに遠く離れていることがあり得るのだ（図 5.2 を見よ）．

この説明は —— 説明らしきものだと言えるとしても —— 実に奇妙である．この説明によれば，ある意味で実在とは私たちの空間とは異なる別の空間で起こっている何ものかであり，私たちが知覚できるのはその影に過ぎない．そして，それは何世紀も前にプラトンが洞窟の比喩[k)]で述べた「真の実在」を知ることの難しさに似ている．

しかし，以上の非局所的な量子相関の起源に関する「説明」は，物理的というよりも数学的なものに見える．実際，真の実在が粒子の数に応じて次元が決まる空間の中で生じているということは —— 特に，粒子の数は刻々と変わることを思い出すと，にわかに信じ難い．要するに，量子論の理論体系は説明を与えてくれるわけではなく，計算の方法を提供しているに過ぎない．物理学者の中には，説明すべきことなど何もないのだと考える人たちもいる．彼らはただ「黙って計算せよ」[l)]と助言するのみだろう．

---

k) 訳注：プラトンが『国家』の中で述べた人間の認識に関する比喩．物事の真の実在の姿を見ることの困難さは，洞窟に囚われた人が背後にある仄かな火によって壁に照らし出された物体の影からその真の実在の姿を知ろうとするのに似ているとするもので，人間の認識の限界と，この限界に気づかぬことの愚かさを象徴している．

l) 訳注：「黙って計算せよ」（Shut up and calculate）は，量子論における波動関数の解釈や実在性など，哲学的な面に興味を持とうとする人たちを牽制（妨害）し，本質を探る物理学としてよりも実用的な研究を行うことを推奨（強制）する象徴的な言葉として知られる．そしてこれは，ボーアやハイゼンベルクらが主唱し量子論の「正統的解釈」と見なされたコペンハーゲン解釈に基づく研究の態度を端的に表す標語として，長い間，大きな影響力があった．この標語の初出については，ファインマンの発言やマーミンの随筆など諸説があるが [35]，科学史的には，特に戦時中の米国における軍学協力体制から始まった実用主義的な研究指向性を象徴するものであり，その実態はかなり以前からのものであったようである [36]．

6

実　験

この章では，1997 年に私の研究グループがスイスのジュネーヴで行ったベル実験について紹介する．直線距離にして約 10 km のベルネ村とベルヴュー村の間を結ぶ，スイスコム[a] の光ファイバー網を利用して行った実験だ．図 6.1 は使用された施設の位置関係を示している．これは，実験室の外で行われたベル実験としては世界初の実験である．

光子対の発生

まずは実験の核心となる，もつれた光子対の発生から始めよう．結晶中の原子はとても規則正しく並んでいる（ここで量子もつれ状態を作り出すために利用する結晶は，アリスとボブの装置にある結晶とは無関係のものである）．各々の原子は電子の雲に囲まれているが，これらの原子に光を照射して励起させると，電子雲は原子核の周りで振動を始める．もしこの振動が非対称的なもの，つまり他の方向に比べて特定の方向に電子の雲が原子核から離れやすい場合，その結晶は非線形結晶と呼ばれる．その名前の由来を以下に説明しよう．

まず，光子が原子と相互作用すると，電子雲は励起されて振動を始める．もし電子雲の振動が対称的であれば，それは照射した光子と同じような光子を任意の方向に放出して脱励起する．これは蛍光として知られている．一方，電子雲の振動が非対称的な場合は，電子雲は（照射した光子とは）異なる色の光子を放出して緩和する．

a)　訳注：スイスコム（Swisscom）はスイス連邦政府が過半数の株を保有するスイス最大の電気通信事業者で，この実験の行われた 1997 年に，それまでの国営から一部が民営化されて特殊会社となった．

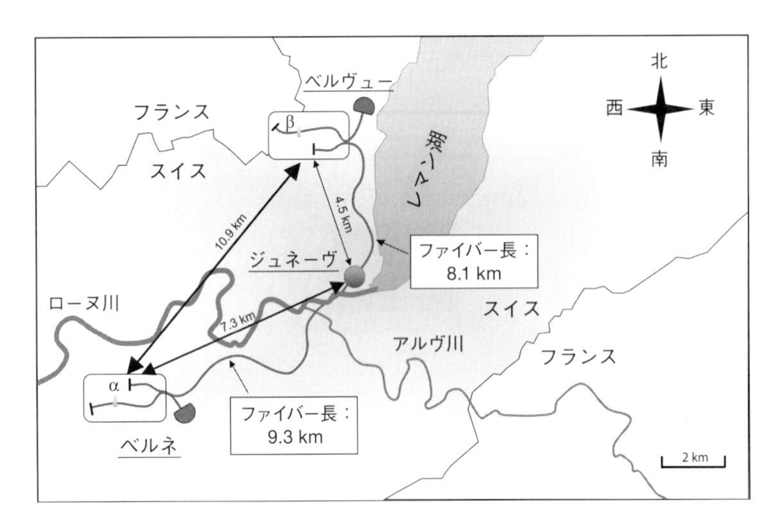

図 6.1 直線距離にして約 10 km 離れたベルネ村とベルヴュー村を結んで行われた非局所相関の実験．当時，この実験はベル・ゲームを実験室外で行われた最初の実験であった．スイスコムの電気通信網である商用の光ファイバーが，量子もつれ状態の伝送に使用された．

しかし，光子のエネルギーは光の色によって決まり[b]，また物理学の基礎法則によればエネルギーは保存されなければならない．したがって，上で述べた（吸収された光と放出された光とで色が変わるという）説明は，それ自身で完結したものではあり得ない．ところが実際に，赤外線を照射されると美しい緑色の光を生み出す非線形結晶が存在する．それが近年，会議などでよく見かけるようになった緑色のレーザーポインターの物理的な仕組みである．ここで大事なことは，緑色の高いエネルギーの光子を 1 つ生成するには，(エネルギー保存則と矛盾しないのために）スペクトルの赤外領域にある低いエネルギーの光子を 2 つ必要とするということである．かくしてこの緑色の光の強度は，赤外光子の強度の二乗に比例し[1]．それゆえ「非線形」と呼ばれるのである．このように，非線形結晶を使うと光線の色を変化させることができる．光子のレベルでは，この過程は必然的に複数の低いエネルギーの

---

b) 訳注：光の色はその波長に対応して決まり，波長 λ と振動数 ν は光速 c を通して反比例の関係 $\nu = c/\lambda$ にある．一方，アインシュタインの光量子説によれば，光子のエネルギー E は振動数に比例し，プランク定数 h をその比例係数として $E = h\nu$ によって与えられる．これらより，光子のエネルギーは波長に反比例して決まることがわかる．

光子を必要とする．

物理学の法則は可逆的である．これは，ある基礎的な過程が一方向に起こり得るならば，その逆の過程もまた起こり得ることを意味する．したがって，非線形結晶に 1 個の緑色の光子を照射すれば，2 個の赤外光子を生成できることになる．つまり，この方法で光子対を生成することができるのだ[2]．

量子もつれの生成

さて私たちに残された課題は，このようにして生成された光子対が，なぜもつれるのかということである．これを理解するために，光子などの量子的な粒子は，一般に（位置，速度，エネルギーなどの）物理量の値が（測定前には）決まっていないことを思い出そう．例えば，光子はエネルギーを持っているが，その値は確定せず非決定的である．平均的には一定の値を持つことができるが，その非決定性（ばらつきの範囲）は非常に大きいかもしれない．これは，光子のエネルギーについての私たちの知識の不確かさなどではなく，光子の本質的な性質としての非決定性であり，光子自身でさえそのエ

---

1) 1 個の緑色の光子を生成するためには，2 個の赤外光子が結晶中の同じ位置に（偶然に）同時に現れなければならず，この事象の確率は赤外光の強度の二乗に比例する．〔訳注：1 個の赤外光子の現れる確率は赤外光の強度に比例するから，2 個が偶然，同時に現れる確率はその二乗に比例することになる．なお，一般に外部からの作用への応答現象において，応答が作用の大きさ（の一乗）に比例する場合を「線形」と呼び，そうでないものを「非線形」と呼ぶ．〕

2) 用いられる非線形結晶によっては，生成される 2 個の光子は必ずしも平均的に同じ色をしているとは限らない．例えば，1 つは明るい色の赤外線で赤色成分を少し持っているが，もう 1 つは暗い色の赤外線で私たちの目にはまったく見えないこともある．この色の違い —— つまりエネルギーの違いが非常に大きくなることがあり，とりわけそのエネルギー差が，これらの光子のエネルギーの非決定性（ばらつきの範囲）よりも大きくなることもある（それでも以下では赤外光子と呼ぶことにする）．そのような場合には，この差を利用して 2 つの光子を分離することができ，例えば明るい方をアリスに送り，暗い方をボブに送るといったことが可能となる．この伝送は光子を光ファイバーに入射することによって行われるが，その光ファイバーというのは，私たちが日々ネットサーフィンをしたり，テレビを見たり，電話をしたりするのに使用しているものと同じ種類の光ファイバーである．実際の実験に赤外光子が選ばれるのは，光ファイバーの特性に合わせるためであり，それらは通信帯光子（telecom photon）などと呼ばれる．電気通信に使用される光ファイバーの透明度が最大となるのが，この色なのである．

ネルギーの値を「知らない」のである．手短かに言えば，光子は決まったエネルギーを持っているわけではなく，（ちょうど第5章で説明した電子の位置のように）潜在的なエネルギーの範囲（拡がり）を持っているのだ．光子のエネルギーを精確に測定すると，可能な範囲の中からランダムに決まったエネルギーの値が得られる．そしてこれは，これまでに論じたような真にランダムな結果として得られるのだ．ここで理解すべきことは，ベル・ゲームに勝つために重要な真のランダム性を生じさせるためには，これに関与する物理量は決まった値を持っていてはならないということである．それらは非決定的なものでなければならず，精確に測定されたときのみ，ある決まった値を取るのだ．その決まった値とは？　それを決めるのが量子のランダム性である．

エネルギーと同じく，光子の年齢，つまり光源から放出されてからの経過時間もまた決定的なものではない．したがって，光子の潜在的な年齢も，その光子がどのように放出されたかによって，数十億分の1秒から数秒までの範囲に及ぶこともあり得る．有名なハイゼンベルクの不確定性関係（77ページのBOX 8）を光子に当てはめると，光子の年齢が決定的になればなるほど，エネルギーは非決定的になることがわかる．逆に，光子のエネルギーが決定的になればなるほど，その年齢は非決定的になる．

話を非線形結晶とそれが生成する光子対に戻そう．非常に精確な —— つまり非決定性が非常に小さい —— 高いエネルギーを持つ緑色の光子によって，非線形結晶が励起されたとしよう．この場合，2つの赤外光子が生成されるが，その各々のエネルギーの値は非決定的であるものの，それらの和はちょうど元の緑色の光子のエネルギーと等しくなる．こうして，個々のエネルギーは決まっていないにもかかわらず，それらのエネルギーの和は非常に精確に決定されている2つの赤外光子を作ることができる．

したがって，この2つの光子のエネルギーは相関していることになる．これらのエネルギーを測定して，もし一方の光子のエネルギーが（その光子の持つエネルギーの）平均値を上回れば，他方の光子のエネルギーの値は必然的に（その光子の持つエネルギーの）平均値を下回る．私たちはここに非局所性の驚くべき特徴を見出す．つまり，（測定しない限り）決まっていない光子のエネルギーの値が，別の光子に行われた測定の結果によって決定されるのだ．

しかし，これが私たちの求めているすべてではない．ベル・ゲームを行うためには，操作棒を倒す2つの方向に対応して，少なくとも2種類の測定を選択できなければならない．さて，元の緑色の光子は非常に精確にエネルギーが決まっているため，ハイゼンベルクの不確定性関係から，その光子の年齢は非決定的でなければならない．それでは，赤外光子のペアに関してはどうだろうか？　それらのエネルギーは非決定的であるため，個々の年齢は比較的精確に決定することができる．それは，緑色の光子の年齢に比べるとはるかに精確なものとなる．

赤外光子の1つが，もう1つの光子よりも古いものになることはあるだろうか？　そうはならない，というのが答えだ．というのは，もしそうなったとしたら，この光子はもう1つの光子よりも先に結晶から発生したことになってしまう．1つの赤外光子がもう1つの光子よりも先に存在したならば，その短い時間内ではエネルギーの保存則が破れていることになるが，それは起こり得ない．したがって，2つの赤外光子は，緑色の光子が消滅すると同時に生成されなければならない．それでは，2つの赤外光子が生成される瞬間はいつだろうか？　答えは —— ちょうど緑色の光子の年齢の場合と同じように —— 2つの赤外光子が生成される時間は決まっていないというのが正しい．

要約すると，2つの赤外光子は同じ年齢を持つが，その年齢は非決定的である．1つの赤外光子の年齢を測定すると，結果は真にランダムなものとなる．しかし，その測定の瞬間に，もう1つの光子の年齢は確定し決定的なものになる．ここに，ベル・ゲームを行い勝つための鍵となる第二の量子相関がある[3)]．

---

3) もしハイゼンベルクの不確定性関係を受け入れ，量子物理学における測定の結果が本質的にランダムなことを認めるならば，実は光子のエネルギーと年齢といった2種類の物理量を持ち出す必要はない —— 量子物理学の非局所性を立証するためには，1種類の物理量で十分なのだ．しかし，2種類の物理量を考えなければ，誰も真のランダム性の存在を認めようとしなかっただろう．なぜならば，例えば（光子対のエネルギーの相関を説明するのに）光子のエネルギーは完全に決定的なものであって，私たちはただその値を知らないだけだと言い張ることもできるだろうから．アリスとボブが（少なくとも）2つの選択肢を持っていることが本質となるベル・ゲームによってのみ，私たちは真のランダム性の存在とハイゼンベルクの不確定性関係の正しさを認めることができるのである．

光子対が目的地 —— 1つはアリスの装置に，もう1つはボブの装置 —— に到着した後は，それらをメモリに保存しておくことが望ましい．この種のメモリは量子メモリと呼ばれており，現在，研究室レベルでの開発が進められている．しかし現時点ではその効率はあまり良いものではなく，ほんの一瞬の間しか光子を保存することができない．そのため，アリスとボブは光子が到着するほんのわずか前に，測定の選択を迫られることになる．つまり，光子は装置に到着するや否や直ちに測定されなければならない．操作棒の位置に応じて光子は2種類の測定，すなわち，エネルギーまたは年齢（物理学者の言葉では時間）の測定のうちの1種類の測定が行われる．

最後に，各々の装置にはこれらの測定の結果が表示される．原理的には，第2章で説明したベル・ゲームを行うために必要な，十分な数の光子をアリスとボブの装置に保存することができる（そのための技術はまもなく完成するだろう）．実は，2つの装置の中心にある結晶は，数百ものもつれる光子を蓄積するための量子メモリなのである．現在，我々はジュネーヴの研究所でこのような量子メモリの結晶を開発しているところである（現状では，まだ保存時間や効率を大幅に改善しなければならない[c]）．

量子ビットの量子もつれ

これでエネルギーの相関と年齢の相関を持った，もつれる2つの赤外光子を作る方法がわかった．これら2つの光子のエネルギーや年齢を測定すると，いずれの場合でもその結果は2つの光子で完全に相関している．アリスとボブの装置の操作棒は，光子のエネルギーと年齢のどちらを測定するかを決めるのに使える．しかし，これでベル・ゲームを実行するすべての準備が整ったわけではない．というのも，このゲームでは，各々の装置は2種類の値を出力しなければならないが，光子のエネルギーや年齢の測定結果は広い範囲の（原理的には無限に多くの異なる）値を取り得るからである．したがって，

c) 訳注：一定の効率で長い時間の保存が可能な量子メモリの開発は長距離の量子通信や量子暗号の実現に必須であり，世界中の多くの研究グループによって精力的に研究が進められている．ジュネーヴ大学はその先頭に立つグループの一つであり，2022年3月には，固体を用いた光子の保存としては世界最長となる20ミリ秒の持続時間を達成している [37].

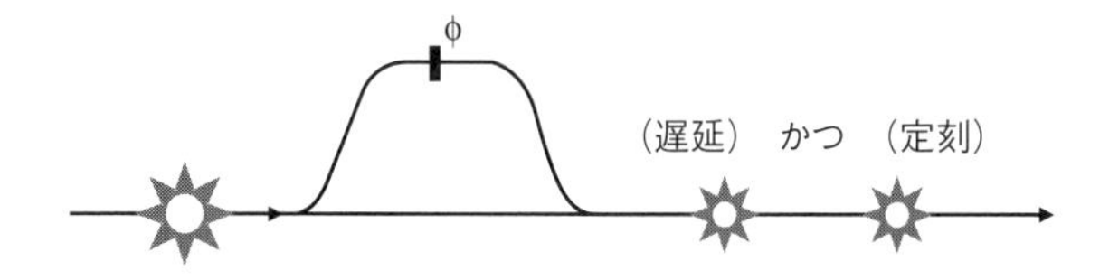

図 6.2 時間ビン（time-bin）量子ビットの図．左から入射した光子は，短い経路（図の下の方）か，あるいは長い経路（図の上の方）を通ることができる．これらの経路は再び結合され，その結果，光子は短い方の経路を通れば「定刻」に，長い方の経路を通れば「遅延」して結合した経路に現れることになる．量子物理学によれば，光子は長い経路と短い経路の両方を通ることができ，定刻かつ遅延の状態 —— 物理学者の用語では重ね合わせ状態になっている．

言うなれば量子もつれを離散化しなければならない．

このため，まず，非線形結晶に連続的に照射していたレーザーを，短い光パルスを発生するレーザーに置き換える．このパルスを，物理学者がビーム・スプリッターと呼ぶ半透明な鏡（ハーフ・ミラー）を用いて 2 つの経路に分けて，半分のパルスを 2 つ作る．その上で，図 6.2 に示すように，片方の半パルスを遅延させ，再び両者を結合させる．そして，このようにして作った一続きの 2 つの半パルスを結晶に照射する．この結晶は，前に述べた光子対を生成するための非線形結晶である．

それでは，その光子対はいつ発生するのだろうか？ 緑色の光子は，その片割れ（の半パルス）が遅延する形で 2 つに分けられてから結晶に送られる．それゆえ，それぞれの緑色の光子は非線形結晶において 2 つの異なるタイミングで，2 個の赤外光子に変換されることになる．赤外光子のうちの 1 個を検出すると，私たちは 2 つの異なる時刻，すなわち定刻通りと遅延した時刻のどちらかに光子を見つけることになる．このとき，対を成すもう 1 個の赤外光子も必然的に同じ時刻に —— つまり同じ年齢で検出される．こうして我々は，赤外光子の年齢測定の出力を 2 種類の値に限定することができる（緑色の光子は，時々定刻だったり遅延したりするのではなく，定刻**かつ**遅延していることが重要である[d]）．物理学者はこれを「定刻状態と遅延状態の重ね合わせ」と呼ぶ．潜在的な年齢の雲は 2 つのピークを持ち，1 つは定刻状態に，もう 1 つが遅延状態に対応する．緑色の光子によって生成される各々の

---

d) 訳注：第 5 章の訳注 d を参照．

赤外光子対は，この意味において定刻かつ遅延した状態にあるが，対を成す2個の赤外光子は常に同じ年齢を持つ).

ベル・ゲームを実行するために必要な2つ目の測定であるエネルギー測定には干渉計を用いる．ここで理解すべきことは，やはりエネルギー測定も離散化が可能であり[4)]，これによって我々はベル・ゲームを実行し，勝てるようになるということである.

ベルネ - ベルヴュー実験

1997年，我々はここで説明した実験をスイスのジュネーヴで行った．これが物理の実験室の外で行われた世界で最初のベル・ゲームとなった．私は1980年代の初めにスイスに光ファイバーを導入した経験もあり，標準的な通信に，とりわけ光ファイバーには確かな知識を持っていた．主な技術的問題は，光ファイバーに適した波長を持つ光子を1個ずつ検出することができるようにすることだった．当時は，そのような検出器は存在しなかったのである．そのために，私たちは最初の実験が行われる間，いくつかのダイオード

---

4) 干渉計は光子の「定刻」の部分を遅延させ，同じ光子の「遅延」の部分と時間的に一致させるために使用される．こうして，例えばボブに到着する2つの部分に別れた赤外光子を，半透明鏡に相当する光ファイバーカプラ（fibre optic coupler）と呼ばれる装置で合流させることができる．その後，光子は，干渉計の2つの出口 —— それぞれ光子検出器につながっている —— のどちらか一方から出ることになるが，これによって，やはり2種類の値の出力結果が得られるのである．アリスとボブのところにある2つの干渉計の各々には，位相変調器が装備されている．これは光ファイバーをわずかに延長する働きをするものであり，それによって赤外光子の定刻部分の到着を遅らせることができる．ただし延長する距離は光子の波長よりも短いので，光子の2つの部分が同時に各干渉計の最後のカプラのところで出会えなくなることはない．具体的には，例えば圧電素子を用いて光ファイバーをわずかに伸ばす方法がある．重要なことは，光子はそれぞれ2つの検出器のうちどちらか一方（上側か下側）でしか検出されないことである．一方で，（アリスとボブに送られる）2つの赤外光子対が両方とも上側の検出器に検出される（すなわち，$a = 0 = b$ となる）確率は，アリスとボブのそれぞれが自分の光路をどのように延長するか —— 物理学者の用語では位相の和 —— に依存する．したがって，アリスとボブの出力の相関は，それぞれが行うわずかな（光路の）延長に依存することになる．時間ビン量子もつれとして知られるこの種の量子もつれは，形式的には，偏光の量子もつれと等価である [38]．この方法は光ファイバーに適しているという利点があるが，これに加えて時間ビンの数を容易に増やせるので，出力結果が2つよりもずっと多い場合の考察にも使うことができる．

を液体窒素に浸して低温に保つ必要があった．もう 1 つのまったく毛色の違う問題は，スイスコムの光ファイバー網の使用権を得ることであった．幸いにも，私は以前に電気通信の仕事をしていたことから，スイスコムには良い人脈を持ち合わせていた．

量子もつれ生成の源となる結晶に加え，その他必要となるすべての機器が，ジュネーヴ中央のコルナヴァン駅近くの通信施設に運ばれ設置された．そこから 1 本の光ファイバーがジュネーヴの北のベルヴュー村まで途切れることなくつながれ，もう 1 本の光ファイバーが，ベルヴュー村から直線距離にして 10km 以上離れたジュネーヴの南のベルネ村までつながれた．私たちはそれぞれの村の小さな通信施設に，干渉計と光子検出器（液体窒素の装備付きで！）を設置した．もちろん，これらの施設に入るには鍵が必要だった．ドアを開けたら 1 分以内に，専用のインターホンを使って警報センターにパスワードを伝えなければならない．そうして初めて，様々な地域から光ファイバーが集結している地下 4 階へと降りることができる．さらにそこでは携帯電話を使うことができなかった．実験を実施する上で，物流の問題がどんなに大変だったかを想像していただけるだろう．

こうして実験が始まった．我々にはベル・ゲームに勝つ自信はあったが，予期せぬ 3 つの驚きが待っていた．その 1 つは，太陽が昇ると，南に向かう光ファイバーが他の光ファイバーよりもかなり伸びることであった．2 つの光ファイバーは長さが同程度なので，我々は同じような温度依存性があるものと考えていたが，そうではなかったのだ．考えられる説明としては，一方の光ファイバーが橋を渡って敷設されていたため，他方の光ファイバーよりも地中に深く埋まっておらず，より大きな温度変化の影響を受けるというものであった．2 つの光ファイバーでの通信を同期させることは大変難しい問題となったが，何日もの眠れない夜を過ごした末に，ようやく解決することができた．2 つ目は嬉しい驚きだった．ジョン・ベルの未亡人であるメアリー・ベルが，私たちの様子を窺うために会いに来てくれたのである．最後に，実験結果の公表後 [39] に 3 つ目の驚きが待っていた．それは，ニューヨーク・タイムズ紙に大きな記事として採り上げげられたこと，実験の様子を撮影するためにBBC の訪問があったこと，そして 1990 年代の実験のハイライト記事として米国物理学会からノミネートされたことであった．

7 応　用

重要な物理概念というものは，私たちの日常生活にも影響を与えるものである．19 世紀にマクスウェルによって発見された電磁気学の法則は，20 世紀における電子工学の発展の礎となった．同様に，20 世紀に発見された量子物理学は，21 世紀の技術的発展をもたらすことが期待される．実際，これまでに量子物理学は，DVD ドライブで用いられるレーザーやコンピュータにとって極めて重要な半導体などを実現している．しかしながら，これらの応用は量子的な粒子の集団的な特性，すなわちレーザーでは光子の集団の，半導体では電子の集団の特性を利用したものに過ぎない．それでは，非局所的な量子相関の応用はどうだろうか？　これには，アリスとボブそれぞれ 1 個ずつの量子的な粒子のペアが用いられる．それゆえ，これらの粒子を個別に取り扱う必要があり，それは極めて高度な技術的挑戦となる．しかし，物理学者は尻込みして傍観するような人たちではない．本章では，すでに商用化された 2 つの応用を紹介するが，きっと他にも多くの素晴らしい応用がその出番を待っていることだろう．

真の量子ランダム性を利用した乱数発生

最初の応用はとても単純なものだ．私たちは，非局所的な相関はアリスの結果が真にランダムであるときにのみ起こり得ることを知っている．では，このランダム性を何かに利用できないのだろうか？　実のところ，現代の情報化社会において，ランダム性よりも利用価値の高いものはないのだ．私たちはクレジットカードを持ち，そして数えきれないほどのパスワードを持っている．クレジットカードには PIN コード[a] がついているが，それは誰にも知られていないもの —— つまりランダムに選ばれるものでなければならない．しかし，ランダム性を作り出すことはさほど容易なことではない．先に，乱数の数値シミュレーションを行うにはランダム性が重要であることを述べた．別の例として，近頃，急速に発展しているインターネット上のオンライン・ギャンブルがある．ここでも私たちは，仮想的なカードを引いたり当選番号が決まったりするとき，それらが真の偶然によって選ばれたものだという確証が必要になる．さもなければ，電子カジノが詐欺をしているかもしれないし，あるいは，もし単なる疑似乱数を使用しているのであれば，利口な人が疑似乱数列を割り出してカジノを倒産に追い込む危険性だってある．したがって，量子物理学の非常に有望な応用の 1 つは，量子の本質的なランダム性 —— 物理学で知られている唯一の真のランダム性を利用した乱数発生器を開発することにある．

応用物理学とは，その背後にある物理の特徴をしっかりと理解し，経済的にも成り立つように応用の仕組みを単純化する営みである．アリスとボブが 2 つのコンピュータ（装置）を駆使し，互いに光の速さでも影響が伝わらないほど遠くに隔たりながらも，ベル・ゲームに勝つことができる —— このことを商業的な応用として想定するには，設定があまりにも複雑だ．そこで，いったんアリスのみに着目すると，彼女にとっては半透明鏡を通って 2 つの光子検出器に次々と光子が入ってくるに過ぎない．アリスの結果が真にランダムなものであることを保証するためには，実際に量子もつれが存在して，ベル・ゲームに勝つためにボブ側でも同じ操作をしている事実があれば十分であった．しかし，とどのつまり，ここではアリスの結果のみがあればそれでよいのだ．ボブの存在は仮想的なものであれば十分であり，乱数生成への応用には，ボブのことは忘れてよい．ひとたびこの段階に至れば，もはや量子もつれを必要としない．アリスの光子が他の光子ともつれている原理的な可能性があればそれでよく，実際にもつれている必要はまったくない．さらに，アリスは単一光子を用意する代わりに極度に弱められたレーザー源 —— 1 つのパルスあたり 1 個程度の光子しかない弱いレーザーを使ってもよい．これが現在市販されているほとんどの量子乱数発生器（QRNG: Quantum Random

---

a) 訳注：PIN は「Personal Identification Number」（個人識別番号）の略で，通常は 4 桁の暗証番号のこと．

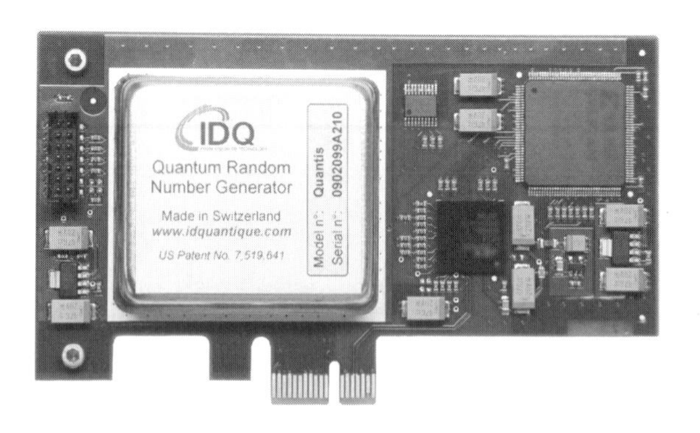

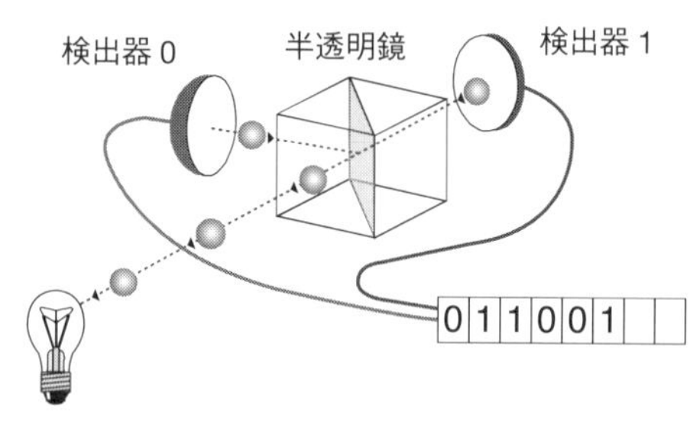

図 7.1 量子乱数発生器．下図はその仕組み：半透明鏡を通った光子は，2 つの検出器のどちらか一方に到着する．検出器からは（光子がどちらの検出器に来るかに応じて）二進数，またはビット値が出力される．上の写真は，ジュネーヴに拠点を置く ID Quantique 社によって初めて商用化された量子乱数発生器（大きさ $3 \times 4\,\mathrm{cm}$）である．

Number Generator）の共通基盤となっている．

図 7.1 は，ジュネーヴの ID Quantique 社[1] が商用化した QRNG である．これを見て，あまりに単純すぎるのではと感じるかもしれない．いったい非局所的な相関はどこに行ってしまったのだろうか？ 実際，この乱数発生器はそのような相関を直接利用しているわけではない．そうではあるが，非局所相関を生成するのに必要な光子やビーム・スプリッター，光子検出器を装備できる**可能性**こそが，現実にその結果が真の偶然によるものだということを保証するのである．

それでもなお，どうやってこれに必要なビーム・スプリッターや検出器を

1) www.idquantique.com〔訳注：著者のジザンは ID Quantique 社の共同設立者の一人〕．

装備できることが保証されるのかと尋ねる者もいるだろう．それはまったく正当な疑問だ．この乱数発生器を十分に単純なものにして実用化するためには，私たちはこれらの装置が信頼に足るものだと仮定しなければならなかった．この仮定は極めて普通になされているものであり，その正しさも十分に検証されている[b]．実は，この仮定を回避するとてもエレガントな方法があるのだが，それにはまずベル・ゲームにかなり近い状況に戻って，これまで述べたほとんどの単純化を放棄しなければならない．このことはすでに，実験室においてではあるが実証されている [1, 40].

量子暗号 —— その考え方

続いての応用は量子暗号だ．私たちは，2 つの物体が量子的にもつれているとき，それぞれの物体に同じ測定をすれば，その結果はいつも同じになることを見た．一見すると，このことは，とりわけ結果が純粋な偶然によって生み出されることを考えると，取り立てて役に立つようには思えない．しかし，暗号を作成する者にとってみれば，これらの特徴すべてが極めて興味深いものとなる．実際，今日の情報化社会においては膨大な量の情報が飛び交っているが，その大部分は秘匿されなければならないものである．このため，情報は受信者に送信される前に暗号化される．暗号化された情報は，第三者には何の構造や意味も持たないノイズ列のように見える．しかし長期的な安全性のためには，暗号化の方法を定期的に変更することが重要であり，理想的には毎回，新しいメッセージを送るたびに変更するのが望ましい[c]．このこ

---

b) 訳注：乱数発生器の信頼性を確立するには，発生した乱数が一定の性質（一様性）を満たすことに加えて，その乱数が他の第三者に漏洩しないことを保証する必要がある．このうち，後者の条件を発生器の特殊性を用いずに一般的に確証する方法の 1 つにベル不等式を破る非局所相関を用いる方法 [1, 40] があるが，一般にこの信頼性の確証は重要な課題であり，現在も精力的に研究が進められている．

c) 訳注：文章にランダムな秘密鍵を「足す」というシンプルな暗号方式は，その秘密鍵の使用を**一度限り**（one time）にすることにより，絶対に解読されない究極の暗号となることが知られている．これは One Time Pad 方式と呼ばれる暗号方式で，量子暗号でも使用されている．したがって，量子暗号は新しい暗号方式を提案しているわけではない．量子暗号で量子物理学の性質を利用するのは，以下でも説明されるように，秘密鍵を遠隔地間で安全に配送する局面においてである．そのため量子暗号は，正確には量子鍵配送（Quantum Key Distribution, 略して QKD）と呼ばれる．

とから，どのようにして暗号鍵（メッセージを暗号化したり，暗号文を元のメッセージに戻すための鍵）を安全に取り替えるかということが問題になる．これらの鍵は，送信者と受信者のみが知り，それ以外の第三者は知ることができないものでなければならない．言うなれば，暗号鍵を安全に配布するためには，頑丈な装甲を施した一群のタクシーを世界中に走らせなければならないという話になるが，もちろん，もっと簡単な方法でなければ実用にならない．

今日，政府や大企業の中には，極めて秘匿性の高い通信が絶対に必要な相手に暗号鍵を配布するために，実際にアタッシュケースを手首につなげて運ぶ人を派遣しているところもある．しかし私たち一般人にとっては，より現実的な方法が望ましい．例えば，インターネットで買い物をするときの安全性は計算複雑性の数学的理論に基づいており，そこでは公開鍵暗号と呼ばれるものを使用している．その基本的な考え方は，例えば2つの素数の掛け算はコンピュータを用いて簡単に計算できるが，その逆演算（素因数分解）は，その数の桁が大きくなると非常に難しくなる事実を利用するものである．この場合，素数の積の値が与えられたとき，その値から元の2つの素因数を見出さなければならないが，それは強力なコンピュータでも長時間を要するタスクであることが知られている．

ここで細かなことは重要でない．肝心なのは「難しい」ということが何を意味しているかである．子供たちにとって難しい問題というのは，クラスで最も優秀な生徒ですら解くことができない問題であろう．実は，このことは公開鍵暗号でもまったく同じなのである．ただこの場合には，優秀なクラスメイトではなく，世界中の最も優秀な数学者ですら，ということになる．たとえ彼らを快適な場所に集めて，その問題が解けた暁には高額の報酬が出ることを約束したとしても，彼らには解くことができないような問題を「難しい」というのである．問題を誰も解くことができなければ，それは真に難しいことを意味する．しかし「難しい」ことは「不可能である」ことを意味するわけではない．数学の歴史には，何年も，ときには何世紀にもわたって世界最高の数学者たちを悩ませた問題が，突然，ある天才によって解かれるということがよくある．

数学というものは，ひとたび解法がわかってしまえば，それを再現して利用することは決して難しくない．したがって，いつの日か，もしかすると明日にでも，誰か才能ある頭脳の持ち主が，積の値に隠された2つの素因数を簡単に見つけられる方法を発見するかもしれない[d]．そうなってしまったら，現代社会のすべての電子貨幣は瞬時にその価値を失ってしまうだろう．クレジットカードは使えなくなり，オンラインでのビジネスはできなくなり，そして銀行間の資金調達もできなくなる．それはもう大惨事だ．加えて，もしある組織が公開鍵を用いて暗号化された通信文を蒐集して保存していたとすれば，素因数分解が高速にできることになった途端に，何年，あるいは何十年にもわたって送信された機密文書が解読されてしまう．だから，もしあなたが何十年も秘密を保持したいデータを持っているならば，今すぐにでも公開鍵を使用することを止めた方がよい．

そういった理由から，純粋にランダムでありながらも，アリスとボブの測定結果が同じになるということが重要なのだ．アリスとボブが量子もつれを共有していれば，彼らはいつでもその測定結果から暗号鍵の列を直ちに作ることができる．そして，量子複製不可能定理のおかげで，その鍵は決して第三者に渡らないことが保証される．少なくとも，理屈の上ではただそれだけのことなのである．

量子暗号の実装

先に述べたアイディアを実現するためには，どのようにベル・ゲームの設定を簡略化できるだろうか？　ここでも，量子暗号を過不足なく簡略化して実装するには，背後にある物理の原理を理解することがいかに重要であるかがわかるだろう．

簡略化1　ベル・ゲームの実験は，アリス，ボブ，そしてもつれる光子を生成する結晶の3つの部分から成っている．配置の対称性から，通常，光源となる結晶はアリスとボブの中間の位置に置かれる．しかしそれは不便なので，この光源はアリスの手元に置くことにしよう．こうすれば2つの部

d) 訳注：量子コンピュータ（65ページのBOX 6参照）を利用すると，素因数分解を高速に解くことができる（ショアのアルゴリズム）．したがって，この段落で述べられている事情は，量子コンピュータが実用化された場合にも当てはまる．

分のみを扱えばよいことになる．さらに，（共通原因の説明を排除するために）相対論的観点から禁止していたアリスとボブの間の通信を，ここでは許すことにする．しかし，通信の秘匿性を守るためには，彼らの意思に反した情報漏洩は避けなければならない．

簡略化 2 もつれる光子対の生成源はアリスの手元にあるため，アリスはボブよりもずっと前に光子の量子ビットを測定することになる．実際，アリスは光子対の 1 つを，もう 1 つの光子がアリスのところから出てボブに向かう前に測定してしまうことすらできる．それならば，アリスは，光子対を生成させてから直ちにその片方を測定する（そしてその光子を破壊する）のではなく，初めから（特定の情報を載せた）光子を 1 つずつ生成してもよい．この方がずっと簡単だ．

簡略化 3 光子を 1 つずつ生成することもまだ面倒だ．そこで，極度に弱いレーザーパルス —— 1 パルスが滅多に複数の光子を含まないほど弱い光源を使った方がさらに簡単になる．それは実際に信頼性が高く，十分に検証された安価な光源である．残された唯一の問題は，ごくたまに生じる（1 パルスあたり）複数の光子が発生する場合をどう扱うかだ．実用上は，このような複数の光子が発生する頻度を精確に見積るだけでよい．さて我々は，慎重を期して，想定されるスパイ（盗聴者）はこれらの複数光子のパルスについてすべてを知っているものと仮定しよう．そうすることでアリスとボブは，多数の（通常は数百万もの）パルスを送った後で，最悪の場合，盗聴者が彼らの情報をどの程度まで知り得るかを見積もることができる．ここで，秘匿性増強として知られる標準的なアルゴリズム[2)]を用いると，送信した情報を抽出してその長さを少し短くすることにより，盗聴者が獲得する情報量を極端に少なくすることができる．この結果，送ったパルス数よりも短くなるものの，残った暗号鍵は絶対に安全であることが確証できる[3)]．

いずれにせよ，ここには 2 つの装置があるだけである．そのうちの 1 つの装置から，偏光あるいは（第 6 章で説明した）時間ビンで符号化した量子情報（暗号鍵の情報）を非常に弱いレーザーパルスに載せて送り，もう 1 つの装置でこれら光子の偏光あるいは年齢を測定する．もちろん実際には，他にも様々な技術的な仕掛けが必要になるが，ここまでの話についてこられたのであれば，応用物理学としての量子暗号のあらかたを理解したといってよいだろう（詳しくは [41,42] を参照）．

今日，ジュネーヴのいくつかの組織は，70km ほど離れたローザンヌ近郊にデータのバックアップ施設を所有し，レマン湖の湖底に敷かれた光ファイバーを使って，ジュネーヴ大学からスピンオフして設立された ID Quantique 社が商用化した量子暗号システムを利用している．

歴史を振り返れば，ここに述べた簡略化された量子暗号が，非局所性に基づく量子暗号よりもずっと前に発明されていたことは興味深い．物事は必ずしも論理的な道筋通りに進むわけではないのであり，ここに極めて人間的な歴史の不合理さを見ることができる．もう 1 つ，とても人間的な逸事を紹介しておこう．1984 年，ベネットとブラッサールがこの簡略版の量子暗号を発明したとき，どの物理専門誌もその論文を掲載しようとはしなかった．斬新すぎる！　独創的すぎる！　こういった理由から，掲載の可否を判断するための査読を行った物理学者たちは，この発見の重要性を理解できなかったのだ．やむなく，ベネットとブラッサールはこれをインドで開催された計算機科学の国際学会の会議録として発表することにした．言うまでもなく，この

---

2) 直感的に言えば，このアルゴリズムは次のようなものである．ここに 2 ビットの情報 b_1，b_2 があり，これら各々を $3/4 = 0.75$ の確率で正しく推定することのできる盗聴者がいるとしよう．さて，これら 2 ビットの情報を（2 を法とする）和 $b = b_1 + b_2$ に置き換える（b は 1 ビットの情報となることに注意）．すると，盗聴者が b を正しく推定できるのは，b_1，b_2 をともに正しく推定できた場合か，またはそれらの推定がともに誤った場合のどちらかである（後者は両ビットともに反転すると，偶然正しくなる）．これより，盗聴者が b を正しく推定する確率は

$$\left(\frac{3}{4}\right)^2 + \left(\frac{1}{4}\right)^2 = \frac{5}{8} = 0.625$$

となり，これは元の確率 $3/4 = 0.75$ よりも小さくなっている．つまり，アリスとボブは情報（暗号鍵）の長さ 2 ビットから 1 ビットへと半分にすることで，その秘匿性を増強させたことになる．もっと洗練されたアルゴリズムを使えば，当初の暗号鍵の長さをさほど短縮せずに，より効率的に秘匿性を増強させることができる．

3) 最初のパルス光源の不安定さがあまり大きすぎてはいけない．アリスがボブに送るパルスを十分に弱いものにして，パルスに複数の光子が含まれる頻度を抑えたのはこれが理由である．

1984年に行われた発表は，しばらくの間まったく誰にも注目されなかった．状況が変わったのは，1991年になってアーター・エカートが独立に量子暗号を再発見したときである．エカートの量子暗号は非局所性に基づくものであり，それは一流の物理専門誌に掲載されたのであった．

8
量子テレポーテーション

テレポーテーションほど驚くべき現象が，他にあるだろうか？ 目の前にあった物体が突如として消え，中間地点を通ることなく，他の場所に現れるのだ！ 通信技術の世界は，時折，このことについて考えを巡らせてきた．電子メールは，私のコンピュータを去った数秒後には，世界の裏側にいる友人のコンピュータ画面に現れる．しかしこの場合は，目的地に達成するまでの間，Wi-Fi 信号，銅線内の電子，そして光ファイバー中の光子といったネットワークの媒介によって，メールの情報が空間の点から点へと連続的に運ばれている．テレポーテーションは，これとはまったくの別物だ．物体は中間地点を経由することなく，こちらからあちらへと直接「ジャンプ」する．それは手品や SF じみている —— 遠く離れた二地点間を神秘的につなぐ量子非局所性を利用していないのであれば．

これまでに本書では幾度となく，非局所性は通信に使えないことを強調してきた．ところが SF の中のテレポーテーションは，どんな速さでも通信できてしまう．そもそも，あらゆる物体は物質（光子であればエネルギー）でできており，物質が中間地点を通過せずにある地点から他の地点まで移動することはあり得ない．だから，SF のようなテレポーテーションは不可能なのだ．それにもかかわらず，1993 年に，何人かの物理学者たちがブレインストーミング[a] を愉しんでいる最中に，次第に非局所性についてあれこれ考え始め，それが今日，知られている量子テレポーテーションの発明につながっ

a) 訳注：複数人でアイディアを発想する手法の 1 つ．原則として，i) 質よりも量を重視，ii) 批判をしない，iii) 斬新なアイディアを歓迎する，iv) アイディアを結合し発展させることにより，一人では生み出せない自由で創造的なアイディアの創出が可能となる．

たのである[1]．論文には 6 人の著者 [43] が連なっているから，誰一人として独力で量子テレポーテーションを発明したわけではない．それは本当の意味での研究者たちの知的交流の結果であり，孤高の天才の仕事という典型的な描像からは，かけ離れたものであった．

質料と形相

それでは，量子テレポーテーションはどのようにすれば実現できるのだろう？　それにはまず，そもそも物体が何を意味するのかをよく考えてみなければならない．かつてアリストテレスは，物体を構成する 2 つの本質的な要素として，質料（ヒュレー）と形相（エイドス）を提唱した[2]．これらはそれぞれ，今日の物理学者が言うところの物質と物理的状態に対応するだろう．例えば，手紙は紙とインクという物質によって作られているが，他方で文章という情報 —— すなわち紙とインクの物理的状態によって成り立っている．

---

1) ここでは，第二次量子革命が始まった 1990 年代以前の背景を，ささやかな逸事を交えて紹介しておこう．1983 年，私がまだ米国で若いポスドクだった頃，とある偉い教授が満面の笑みでやってきて，「私は君を救ってあげたことがあるよ」と言われたことがある．その場で彼は，私の駆け出しの頃の論文の査読者であったことを打ち明けた．あろうことに私はその論文で，「量子物理学では，物理系がある地点から消え，他の場所に現れることが起こり得るように思える」という，許し難い（科学への）冒涜の文章を書いていたのである．今振り返ってみると，それはテレポーテーションを連想させるものであったが，実際には私がそんなことを考えていたわけではない．それはちょっとした直観に過ぎなかった．しかし，私の「救い主」は，その冒涜的な文を削除するという条件付きで，私の論文の掲載を認めてくれたのだ．当時，私の主張は学者仲間からは絶対に承認されない類のものだった．これまでに，数多くのお偉い教授たちが「量子物理学の厄介な問題はすべてボーアが解決したのだ」と絶えず主張することにより，どれほど多くの（新発見の）好機が失われてきたかを考えざるを得ない．そしてその結果，どれだけ多くの若き才能ある者が物理の世界を離れていったのだろう？　そして，今でもどれほど多くの著名な教授たちが，ボーアがすべてを解決したと主張し続けていることだろうか？

2) 我々の最初の長距離テレポーテーション実験の論文原稿では，冒頭にこのアリストテレスの言葉を引用していた．ところが，著名な科学誌である *Nature* の編集者は，引用をアリストテレスにまでさかのぼることを認めようとしなかった！　私は（共著者の）学生たちに *Nature* 誌での掲載を諦めるように促したが，彼らの強い圧力に負けて，ついに編集者の要求を呑むことになった [44]〔訳注：*Nature* に掲載された論文 [44] と，引用削除前の原稿であるオンラインアーカイヴの論文 (arXiv:quant-ph/0301178) を読み比べると面白い！〕．

電子の場合は，質料としての物質はその質量や電荷（あるいは他の恒久的な性質）であり，潜在的な位置や速度の雲がその物理的状態を構成している．質量ゼロの粒子である光子の場合は，質料はエネルギーそのものであり，物理的状態はその偏光と潜在的な位置や振動数（つまりエネルギーの形態）によって成り立っている．

量子テレポーテーションでは，物体のすべてがテレポートされるわけではなく，その量子状態のみが送られる．アリストテレスの言葉で言えば，形相のみが送られるのだ．これはがっかりすべきことなのだろうか？　そうではない！　まず，我々は決して物体の質量やエネルギーをテレポートできないことを知っている．なぜなら，それは伝送なしの通信が不可能だという原理に真っ向から反してしまうことになるから（59 ページの BOX 5 を参照）．したがって，物体の量子状態がテレポートできることは，十分に驚くべきことなのである．実際のところ，物質の究極の構造を定めているのは量子状態と言ってよい．したがって，量子テレポーテーションは，単にある種の近似的な物質の描像ではなく，実際に送ることができる**すべて**をテレポートしているのだ．ここで第 4 章に説明した量子複製不可能定理を思い出そう．物体の量子状態をテレポートするとき，元の状態は必然的に消滅しなければならない．なぜならば，もし元の状態が残ってしまったら，結果的に 2 つの同じコピーを得ることになり，量子複製不可能定理に反するからだ．したがって，こちら側で元の状態が消え，あちら側でそれをテレポートした状態が現れることになる．

話を要約しよう．量子テレポーテーションでは，元の物体の物質（質量，エネルギー）自体は出発地点に送信者アリスとともに残されるが，そのすべての構造（物理的状態）は消失する．例えば，アリスが粘土でできたアヒルをテレポートする場合，粘土自体は元の位置に残されるが，それはもはやアヒルの形をしていないものになるだろう．実際に，それは形を成さない粘土の塊になる．他方で，ボブがいる遠く離れた受信地では（アリスはその場所を知らなくてもよい），初めは形を成さない粘土の塊が，テレポーテーションが完了すると，元のアリスのアヒルと原子レベルの細部に至るまでまったく同じ形に変わるのだ．残念ながら，ここで紹介したような例はまだ架空の SF の話だ．当面は，粘土のアヒルをテレポートするようなことはできないだろう．

それは現行の技術で行うにはあまりにも複雑すぎる．ひょっとすると，量子物理学はそのような日常の物体のスケールには適用できない可能性だってある．そこで，次の例では，より現実的で抽象的な光子の偏光のテレポートを考えてみることにする．

光子とは非常に小さな光エネルギー（物理学の言葉では電磁エネルギー）の塊である．とりわけ，このエネルギーには弱い電場の振動によるものが含まれている．もし光子が確定した偏光を持つならば，電場は特定の方向に規則的に振動する．しかし，同じ光子でも，その偏光に特に規則性がない場合には，物理学者はそれを無偏光と呼び[3)]，電場は完全にあらゆる方向に無秩序な振動を持つ．

まずアリスは，確定した偏光を持つ光子，すなわち，特定の方向に振動する光子を送り出す．ただし，その振動方向は（アリスやボブに）知られている必要はなく，ただ確定してさえいればよい．テレポーテーションが完了すると，アリスの光子のエネルギーは元の場所に残されるが，それはもはや（特定の方向に）偏光していない．他方，ボブのいる場所では，初めは無偏光の光子（あるいはエネルギー[4)]）があるが，テレポーテーションが完了すると，テレポートしたアリスの光子とまったく同じ確定した偏光がそこに現れる．このようにして，ボブの光子はアリスが元々持っていた光子とあらゆる点で同じものになり，アリスの光子もボブが元々持っていた光子とあらゆる点で同じものになる[5)]．

---

3) 特定の方向の偏光を持つ光子に対しては，その光子を確実に通すような偏光板が存在する．他方，完全に無偏光な光子に対しては，偏光板の向きをどう変えようとも光子が通るか通らないかは 1/2 の確率となる．前者の場合は，光子は偏光板によって確認できる構造を持っており，後者の場合は，どの偏光板を用いても「通るか通らないか」はいつも五分五分の確率となるため，光子はそのような構造を持たない．

4) 第 6 章で見たように，光子のエネルギーは非決定的なものとなり得る．実際，同じことは質量に対しても当てはまり，ボース=アインシュタイン凝縮体などがその例だ．重要なことは，その質量やエネルギーとしての物質が，目的地に（少なくとも潜在的には）存在していなければならないということである．

5) 物理学者の読者のために注意しておくと，このことは光子のすべての特性をテレポートする場合において正しい．もし光子の偏光のみをテレポートするのであれば，それ以外のスペクトルなどの特性が最初から（送りたい光子と）等しい場合にのみ，2 つの光子が区別できなくなる．

つまり，ここでは本物のテレポーテーションが行われているのだ．「エネルギー＋偏光」として構成された光子，あるいはより一般的に「物質＋物理的状態」として構成された物体が，アリスからボブへと，途中，空間のいかなる点をも経由せずに移動している．量子テレポーテーションの行われた後には，アリスの光子をボブに，そしてボブの光子をアリスに伝送した状況と，まったく同じ状況が実現されている．

しかし，ここまでの話を聞いても，実際に量子テレポーテーションがどのように行われるかはわからない．量子テレポーテーションには量子の非局所性が必要となることは述べたが，それだけでは十分でない．もう１つ，結合測定と呼ばれる概念が必要になるのだ．

結合測定

これまでの話から，テレポーテーションを実現するためには，まずはもつれた量子的な物体のペアが必要となる．具体的には，偏光の状態がもつれている光子のペアを想定しよう．続いて，テレポートしたい物体が必要になる．これにも再び光子を考えることとし，その偏光状態をテレポートすることにしよう．偏光状態は量子情報のビット（すなわち量子ビット）と見なすことができるので，ここで転送されるのは量子ビットということになる．送信者のアリスは，テレポートしたい光子 —— より正確には，とある偏光の量子ビットを持つ光子を準備する．加えて彼女のところにはもう１つの光子があり，遠くにいるボブの手元にある第三の光子ともつれているものとする．ただし，アリスはボブがどこにいるかは知らなくてもよい．さて，この状況で彼女に何ができるだろう？　もし送りたい量子ビットの光子を直接測定してしまったら，その状態を乱してしまい，もはや元の状態をテレポートすることができなくなってしまう．一方，もしボブの光子ともつれている方の光子を測定すれば，ボブの光子と非局所的な相関を生成することができるが，それが何の役に立つだろう？　実際，彼女が知っていることは，もしボブが彼女と同じ測定をするならば，どちらも同じ結果を —— ランダムだけれど同じ結果を両者で得るということだけである．

量子テレポーテーションの核心は，未だよく理解されていない量子もつれの第二の側面をアリスが活用する点にある．これまでは，量子もつれの第一の側面，つまり遠く離れた2つの光子のような量子系を特徴づける量子もつれの側面について議論してきた．さて，アリスの手元には2つの光子があって，それらは（独立な）2つの状態にある．その1つは，何らかの確定した偏光の状態にあり，その状態はアリスにはわからない．もう1つの光子は（ボブの光子との）量子もつれ状態にある．ここでアリスがすべきことは，手元にある2つの光子をもつれさせることだ．それには，どちらかの光子1つを測定するだけでは足りず，2つの光子をひとまとめにして測定する操作が必要になる．これを理解するのはなかなか難しい．それは量子もつれと同じく，我々が慣れ親しんでいる日常の世界ではまったく実行できないものなのだ．

それが何かを理解するために，アリスが2つの光子に「あなたたちは似ているかしら？」と尋ねることを想像してみよう．彼女はこう問いかける ——「もしあなたたちに同じ測定を行ったら，二人ともいつも同じ答えを返してくれる？」と．日常の世界では，この奇妙な問いに答えるには，実際に2つの光子を測定して，それらの結果を比較するしかない．ところが量子物理学では，量子もつれを利用したうまいやり方がある．この質問を，実際に2つの測定を行うことなく，2つの光子に「まとめて問いかける（結合測定する）」のだ．それに対して彼らは，まとめて量子もつれ状態に変わるという形で応答してくれる．第5章で説明したように，量子もつれ状態にある2つの光子に対して同じ測定，すなわち同じ方向の偏光測定を行うと，彼らは同じランダムな結果を出力する．それらは，真の非局所的なランダム性によって特徴づけられるのであった．そしてこのことは，どの方向に測定したとしても正しい！

アリスの2つの光子が同じ質問にいつも同じ答えを返し，また，アリスの光子の1つともつれていたボブの光子も同じ返答をするならば，結果として，ボブの光子はテレポートしたかったアリスのもう1つの光子と同じ返答をする（つまり，同じ状態になる）と考えられるだろう．ざっくり言ってしまえば，それだけのことなのだ．というわけで，我々は量子もつれを二度使う必要がある．1回目は，（アリスとボブの光子の量子もつれ状態を用いた）非局所的な量子テレポーテーションの手段として．そして2回目は，2つの量子系（アリスの2つの光子）の状態の関係性を —— いずれの光子の状態に関する情報を得ることなく —— 問いかける手段として（図8.1を参照）．

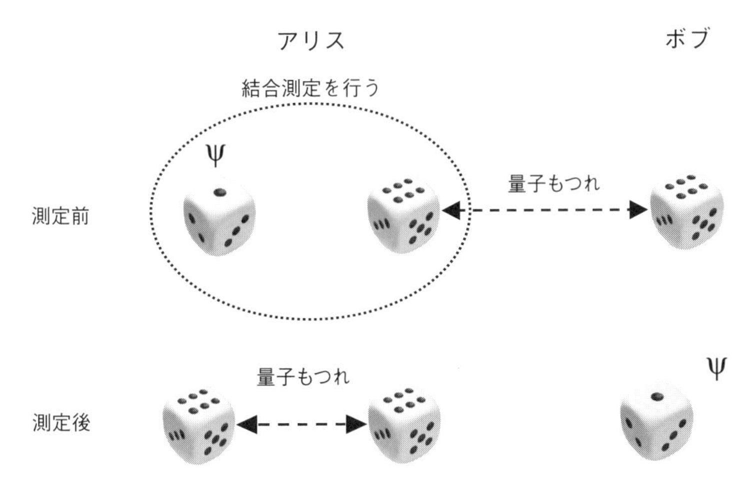

図 8.1 量子テレポーテーションのイメージ図．初め，アリスの手元には 2 つの光子がある．図の中でそれらの光子は，偏光のランダムさを表すのに 2 つの**サイコロ**として描かれている．**左**の光子はテレポートしたい量子状態（量子ビット）Ψ にあり，**右**の光子はボブの光子ともつれている．アリスは自分の 2 つの光子に対して結合測定を行う．この操作は彼女の 2 つの光子を量子もつれ状態に変えるとともに，**左の**量子ビットをボブの光子にテレポートすることになる．ただし，テレポーテーションの手続きを完了するためには，アリスが結合測定で得た結果をボブに伝え，ボブがその結果に応じて自分の光子を「回転」させる必要がある．

しかし，これで話が終わりではない．量子物理学では常にそうであるように，アリスの 2 つの光子の関係性に関する結合測定の結果は真にランダムなものとなり，いくつかの候補から 1 つの結果が選ばれる．幸運にも「私たちは似ているよ」という結果が得られたならば —— ボブはまだその事実を知らないことを除いて —— 物事はそれで完了する．しかし，もしアリスが「私たちは似てないよ」という結果，つまり「同じ質問に対して，いつも逆の答えを返す」という結果を得てしまったらどうすればよいか？　ボブはこの場合，アリスが転送したかった光子と同じ結果を生み出す光子にするために，彼の光子の状態を反転させる必要があるのだ[6]．

それでは，アリスが 2 つの光子に問いかけるにはどうすればよいのだろう？実験の主な難しさはここにあるのだが，ここでこれ以上話を掘り下げるのは，本書の範疇をはるかに超えたものになってしまうので止めておく．

量子テレポーテーションのプロトコル

結合測定によってアリスはランダムな2つの結果を得る．その結果に応じてボブの光子は，任意の方向の測定をされたときに，アリスの元の光子が同じ測定をされたときに生じる結果を再現する状態になるか，あるいは，それとは逆の結果を再現する状態になる．そして，これら2つの状況は等確率で生じる．

この段階では，ボブにはとりたてて興味深いことは何もない．アリスの元の光子と同じ結果を得るのも，またそれと逆の結果を得るのも，ともに2回に1回なのだから．ここに至るまでボブは何もする必要はなかった．そもそも結果は2通りしかないので，2回に1回は正しい結果を得ることをボブは知っている．ところがアリスは結合測定の結果を知っているから，ボブが正しい結果を得るのか，それとも逆の結果を得るかがわかっている．だから量子テレポーテーションの過程を完了するには，アリスからボブに，どちらの状況にあるかを伝えなければならない．

このことから，量子テレポーテーションが任意の速さでの信号伝達を回避できる理由がわかる．実際のところ，テレポーテーションの過程は，アリスの2つの光子をもつれさせる結合測定の結果を，ボブがアリスから知らされて初めて完結する．このアリスとボブの通信は，どうしても必要なものである．というのも，その情報を受け取らなければ，ボブの測定結果は完全にランダムなものとなってしまい，ボブにはそこから何も得られないからだ．アリスの結果を伝える通信は必然的に光速か，それよりもゆっくりと伝搬する．その結果，量子テレポーテーションは，その始めから終わりまでを勘定に入

---

6) ここで，量子もつれ状態には他にも多くの種類があることを述べておかねばならない．これまでは話を簡単にするために，同じ測定に対し必ず同じ結果を与えるような量子もつれしか採り上げていなかった．しかしながら，そうでない量子もつれ状態もあるのだ．例えば，同じ測定に対して逆の結果を与えるような量子もつれ状態もある．実はもっとたくさんの種類もあるが，ここでの単純化した話ではそれらは必要でない．物理学者の読者のために記しておくと，二光子の偏光状態では4つの直交した「最大量子もつれ」の状態が存在する〔訳注：第5章の脚注3に述べたベル基底に相当する〕．アリスの結合測定の各結果に応じて，ボブは彼の光子の偏光を回転（ユニタリ変換）させることによって，彼の光子を —— どの状態になったかを知ることなしに —— アリスの光子の初期状態と正確に同じものに変えることができる．

れると，光速を超えて行われることはないのである．とは言え，アリスが結合測定を行ったとき，確かにボブのところで何かが起きている[b]．なぜなら，元々確定した偏光を持っていなかったボブの光子が，アリスの結合測定後には2つの可能な（確定した）偏光状態のうちのどちらかに変わっているのだから．残念ながら，ボブはどんな測定をしても完全にランダムな結果しか得られないため，この偏光状態を知ることはできない．しかし，アリスから彼の光子がどちらの状態にあるかを伝えてもらうや否や，ボブは何をすれば彼の光子がアリスの元の光子と同じ状態になるかを知ることができる．その結果，ボブの光子に対していかなる測定を行ったときにも，アリスが元の光子に行ったときに起こるであろうことと，まったく同じことが起きるように手配できるのだ．つまり，ボブの光子はアリスの元の光子と同じ量子状態に変わるのである．

ここで，ボブは自分の光子を測定する必要がないことに注意しよう．彼はそれをいつか使うときまで保管してもよいし，あるいは他の誰かにテレポートしてもよい．このことから，例えば50km —— 光ファイバーを使って量子もつれを容易に生成できる距離ごとに中継点から中継点へとつながれたテレポーテーションのネットワークを構想することができるだろう．ただし，彼の光子がアリスのものとは逆の結果を生成していることを彼女から聞いた場合には，彼は自分の光子を反転しておく必要がある[7]．この操作は光子の状態を乱すことなく実行できる（ボブは，光子の状態に関するいかなる情報も得ることなく光子を反転させることになる）．なお，ボブは光子の状態に対する調整を行わずに，その光子をどこか別のところへテレポートしてもよい．その場合は，彼はテレポートした相手に，光子を反転させるべきかどうかの情

b) 訳注：この記述は量子状態に関する解釈の立場に依存する微妙な点を含んでいる．量子状態を実在論的に（そのまま実在するものとして）解釈すると，アリスの測定時にボブの状態にも非局所的な変化が生じると考えられるが，量子状態を認識論的な立場から解釈すると，アリスの測定時においてボブの状態変化は生じていないと考えられる．いずれにせよ，アリスの結合測定の結果を受け取っていない段階では，ボブには手元の状態に「生じる」変化を検知する方法はないことに注意．

7) これを行うためには光子の状態を回転させる必要がある．例えば，量子ビットを偏光の状態に符号化している場合は，複屈折性結晶を用いて偏光を反転させることが必要になる．

報だけを伝えておく．最終地点の受け手は，合計して何回，光子を反転すべきかを計算する．もしそれが偶数回であれば何もする必要はなく，奇数回であれば一度だけ反転させればよい．

量子テレポーテーションでは重要な点がもう1つある．それは，アリスもボブもテレポートされる状態に関する情報は何も持っていないということである．事実，アリスの二光子に対する結合測定の結果はいつも完全にランダムなものである．したがって，この結果がテレポートされる状態に関する情報をもたらすことはあり得ない．これは何も驚くべきことでない．これまでに私たちは，量子もつれ状態にある光子をどの方向に測定しても，結果はいつも完全にランダムなものであることを，そしてそれは逃れようのない本質的な偶然に支配されているものであることを見てきた．逆に，特定の方向に偏光した光子に対して（別の光子との結合測定を行って）「あなたたちは似ている？」と質問したならば，やはり同様な意味で結果は完全にランダムなものとなる．これは一種の逆過程である．さらに言えば，テレポーテーションにおいて元の状態の情報を得ることがないことは，実は絶対的に必要なことなのである．なぜなら，もしアリスやボブがテレポートする状態について少しでも知ってしまうならば —— 毎回新たな量子もつれ状態のペアを使いながら —— 互いの間でテレポートを繰り返すことで，最終的には元の状態のコピーができるほど十分な情報を蓄積することができてしまう．これは，第4章で説明した量子複製不可能定理に反することになる．

最後になるが，アリスとボブは，（これまでに登場していない）4番目の光子ともつれた光子の状態をテレポートすることだってできる．彼らはテレポートをする状態に関して何ら情報を得ることはないため，量子もつれ自体も破壊されることなくテレポートできるのだ．この過程では，量子もつれの両方の側面を —— 遠く隔たった光子の相関の性質を二度，結合測定における性質を一度 —— 利用することになる．こうして，これまで出会ったことがなく，いかなる過去も共有していない光子たちをもつれさせることができるのだ（図8.2を見よ）．これを量子もつれのテレポーテーションと呼ぶ．

量子ファックスと量子通信ネットワーク

つまるところ，量子テレポーテーションとは量子的なファックスに過ぎな

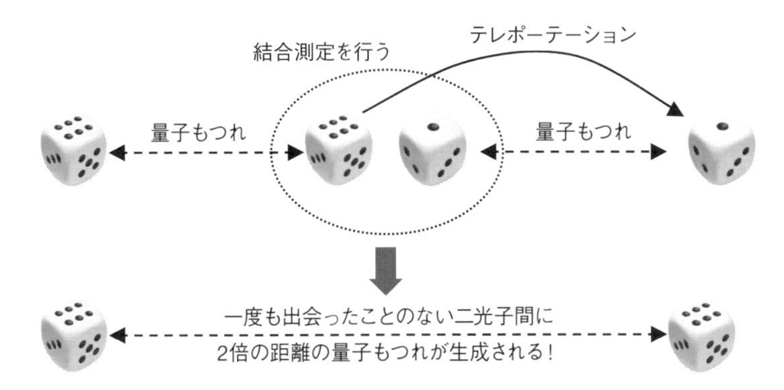

図 8.2 左端の光子ともつれる左から二番目の光子（量子ビット）をテレポートすると，結果的に左端の光子と右端の光子の間に量子もつれを生成することができる．これを量子もつれのテレポーテーションと呼ぶ．この過程でとりわけ興味深い点は，一度も出会ったことのない粒子たち（左端と右端の二光子）をもつれさせることができることである．また，これを使えば量子もつれの距離を 2 倍にできるため，その利用価値も大きい．

いのではないかと思うかも知れない．事実，ボブはあらかじめ「白紙」に対応する量子ビットを持っており，それに「ファックス」された量子ビットをプリントするだけなのだから．しかしこの比喩は，いくつかの点で誤解を招くものである．

まず第一に，量子テレポーテーションは，情報のわずかな断片を送っているわけではない．量子状態としてテレポートされているのは，物質の究極の構造そのものである．テレポートされた量子ビットは，単に元の量子ビットの状態を伝えているのではなく，あらゆる点において元の状態と同一のものになっているのだ．

次に，量子状態の種類は無数にあるため，量子状態を指定するには無限に多くの情報が必要となる．例えば，光子の偏光状態は（その偏光の向きを指定する）角度によって指定される．連続量である角度の値を通信するには無限のビット数が必要となるが，量子テレポーテーションでは，光子の偏光状態の場合，たった 1 ビットを送ればよい[c]．このことは，量子テレポーテー

c) 訳注：ここでは説明の便宜上，単純化して述べているが，正確に言えば，標準的な量子ビットのテレポーテーションのプロトコルでは，2 ビットの情報を送る必要がある．実際，アリスが行うベル測定（本章脚注 6 のベル基底による測定）で得られるのは 4 種類の測定値であり，この結果をボブに伝えることは 2 ビットの情報の送信に相当する．

ションにおいて必要となる通信量は —— 仮にテレポートされる状態をアリスが知っていたとしても —— その情報を伝えるのに必要な通信量に比べて極度に（無限に）少なくて済むことを示している[d)]．

最後に，量子テレポーテーションでは，アリスもボブもテレポートされる状態に関するいかなる情報も得ていないことに注意しよう．これはまったく驚くべきことであり，暗号通信において極めて有用になる．通常のファックスであれば，通信回線上にいる誰もがそれを傍受できてしまう．ところが量子テレポーテーションではそのような事態は生じ得ない．これまで見てきたように，テレポートされる量子ビットの状態は誰も —— 送信者と受信者でさえも知ることはない．だから，アリスはメッセージを（第三者の）チャーリーに送り，チャーリーがそれをボブに送ることだってできる．もしチャーリーが正しく量子テレポーテーションのプロトコルを実行していれば，チャーリーが元のメッセージに関する情報を得ることはない．アリスとボブは，量子暗号のプロトコルを実行することで，テレポーテーションの過程が正しく遂行されており，チャーリーがいかなる情報も得ていないことを検証することさえできるのだ．量子テレポーテーションのネットワーク全体を考えた場合，その途中に（物理学者が量子中継器と呼ぶ）中継点が介在していたとしても，アリスとボブは彼らの通信の機密性を保証することができる．

d) 訳注：実のところ，もしテレポートする量子状態を知っている場合は，この情報量の違いを除けば，量子テレポーテーションとファックスには大きな差はない．量子テレポーテーションの本質的な非自明さは未知の量子状態を転送できる点にあり，それは実際上の観点からも重要な性質なのである．そもそも，ファックスの場合には，送信文書を乱すことなくその内容（情報）を知ることが原理的に可能である．一方，量子状態は一般に測定によって乱されて情報が破壊されてしまい，大量の同一量子状態を持っていない限り，その状態（情報）を正確に知ることができない．したがって，もし状態を知らなければ送信できないとすると，量子複製不可能定理により未知の状態のコピーは禁止されているので，初めから大量のコピーを持たない限り，それをテレポートすることはできなくなる．そして大量の量子状態を持つことは，状態を知ることと等しい．幸いにも，量子テレポーテーションでは与えられた状態を知ることなく，つまりその量子状態を壊さずに遠隔地に転送できる．これが量子テレポーテーションの最大の特長である．

大きな物体はテレポートできるだろうか？

さて，あなたには量子テレポーテーションの装置に乗り込む覚悟はあるだろうか？　もし私なら，これから述べる2つの理由から，そうするには極めて慎重になるだろう．まず第一の理由は，これまでに行われてきたいくつかの実験は，量子テレポーテーションの原理的な可能性を実証したに過ぎないことである．もちろんそれ自体は，素晴らしいことだ！　しかしその実証には，元の物体が失われないという稀なケースを選ぶ必要があった．実際，これらの多くの実験では光子が用いられており —— ちょうどベルゲームの実証実験がそうであったように（次章の節「検出効率の抜け穴」を参照）—— 使われた光子の多くは失われてしまうのだ．物理学者はその原因をよく理解しており，この状況でもなお，行われた実証実験は決定的なものであると見なしている．しかし，もし私に選択権があるならば，テレポーテーションの実験で光子の代わりに自分自身を犠牲にしたくはない．より現実的なことを言えば，いくつかの実験では原子のテレポーテーションが試みられており，その際に原子はほとんど失われていない．しかし，その場合の転送距離は1mmにも満たないのである．

慎重になる理由はもう1つある．身の回りの大きさの物体をテレポートするには，それに見合う大量の量子もつれが必要となる．しかし，量子もつれは極めて壊れやすいのだ．それを保持するためには，外界とのいかなる相互作用も含む，わずかばかりの影響（摂動）をも避ける必要がある．現在の技術でこの理想的な状況を実現できるのは，光ファイバーの中に閉じ込めた光子や，特別な高真空の装置内に捕捉した原子くらいである．鉛筆の芯の先っぽでも，それをテレポートするためには大量の量子もつれが必要となるが，これに対してテレポーテーションが完全に破壊されかねない摂動を避けることは，現行の技術水準ではまったく考えられない．

今日，たとえ無限に予算が与えられたとしても，この困難を克服できるアイディアを持つ者はいない．つまり，これは単なる技術的問題ではないのだ．いつの日か，ウィルスの量子状態をテレポートすることに成功することがあるだろうか？　現時点では，まだそれにはほど遠い状況にある．そもそも，私たちはウィルスを特徴づける量子的な状態とはどのようなものかを知る必要がある．しかし，それさえも不可能なことが判明するかも知れない．また，身の回りのサイズの物体のテレポートはできないという新しい物理の原理が発見されるかも知れない．先のことはまったくわかっていない．しかし，これが科学の不確実さであり，また魅力でもあるのだ！

9

自然は本当に非局所的なのか

これまでの話から判断すると，この自然界は確かに非局所的な相関を生み出すことができそうに思われる．しかし，科学者はこれまでの理論や概念を安易には捨て去ることはしない．実験家が奇妙な結果を発表するときは決まって，その理論だけでなく実験にも疑念を抱くことになる．それは再現可能なのか？　正しく解釈されているのだろうか？　非局所的な相関に関しては，これまでに幾度となく実験が繰り返され，世界中でいくつもの異なる方法で検証されてきた．その結果，今日の科学者は，自然界が非局所的な性質を持つことは確からしいと考えている．それでもなお，以下に説明するように，これに代わる他の解釈（理解の仕方）がまったくないと確証することは極めて難しい．

本章では，局在化され相互に独立な「実在の要素」に基づく自然像を放棄せざるを得ないことを納得するために，科学者たちが検討してきた様々な議論を概観したい．子供が作り上げる構造物がレゴのブロック玩具からなるのと同じように，この自然界も（それと類似の構成要素から）作られているという描像は，ベル・ゲームの実証実験から明らかとなった非局所性とは相容れないのだ．すでにこのことを納得していて，以下に述べる科学的な論争をたどることを望まない読者は，そのまま第 10 章に進むとよいだろう．

ニュートンの世界における非局所性

まずは非局所性にまつわる別の例から始めよう．前に見たように，私たちが物理学の歴史の中で非局所性と遭遇したのは今回が初めてではない．ニュートンの偉大なる万有引力の理論もまた非局所的なものであった．この理論によると，月の石を動かすや否や，即座に地上にいる私たちの体重にわずかながらも何らかの変化が起きることになる．この効果はどれほど遠くにあるものに対しても瞬時に生じるので，明らかに非局所的な作用である．しかも，量子の非局所性と異なり，この非局所的な作用を利用すれば，伝送を伴わずに任意の速さで通信することができてしまう．なぜ物理学者は，そのような理論を何世紀にもわたって受け容れてきたのだろう．実のところ，彼らは決してそれを受け容れていたわけではなかった．ニュートン自身の述懐がすべてを物語っている．「重力は･･･遠隔的に作用する —— このような考えは，私にとっては大いなる不条理であり，哲学的な事柄をまともに考える能力を持つ人ならば，決して受け容れることはできないものだと思う」（32 ページの BOX 1 を参照）．

数十年後にラプラスが登場して初めて，（彼を含む）一群の思想家たちがニュートンの理論を究極の真理の地位まで押し上げ，そこから絶対的な決定論の形を推断し，そして実際に科学と決定論を同一視するまでになったのだ．ニュートン自身の態度は，量子力学の精神的な支柱であったニールス・ボーアとはまったく対照的であった．当初よりボーアは量子論が完全な理論であることを強固に主張し，同時代の物理学者をそれに従わせていた．このためにボーアは，アインシュタインによって提議された，量子論が実際に非局所的であることを示唆する議論を即座に拒絶することになった．もしかしたら，このボーアの態度が，1930 年代に当時の若い世代の物理学者がベルの議論を発見することを妨げていたのかもしれない．しかし憶測はこれぐらいにして，本来の話題に戻ることにしよう．

今日では，ニュートンの非局所性は物理学の理論からその姿を消している．現在，ニュートンの重力理論はアインシュタインの一般相対性理論に置き換えられ，前者は後者の極めて良い精度の近似理論に過ぎないと考えられている．現行の理論によれば，月の石を移動することが地上にいる人の体重を変化させるのに 1 秒ちょっとの時間がかかることになる —— そして，これはちょうど月から地球に光の速さで信号が伝わる時間である．

ここでニュートンの非局所性の話を持ち出したのは，2 つのまったく異なる理由からである．その 1 つは，量子の非局所性もまた同様に一過的なものに過ぎず，いつの日か新たな理論によって置き換わることがあると考える読者もいるかもしれないからだ． そのような理論によれば，量子論は単なる近似理論であって，時空間の局所的な説明に基づいてベル・ゲームに勝てることが説明できるのではという期待がそれである．しかし，これはあり得ない．これまでも説明してきたように，ベルの論法は量子論とは独立なものであり，非局所性そのものを検証する方法を提供するものなのだ．もしベル・ゲームに勝つことができるのであれば，いかなる局所的な理論によっても自然を完全に記述することはできないことになる．

もう1つの理由は，これまでの物理学が，ほとんどの場合，自然界の非局所的な記述を与えてきたという興味深い事実にある．私たちは1915年までニュートンの非局所性と向き合い，そして1927年以降は量子の非局所性と向き合っている．したがって，この合間の12年という短い期間を除けば，物理学は常に非局所的なものだったのだ．だから，今日の多くの物理学者が非局所性を許容しないのは不可解に思えるかもしれない[a]．しかしながら，量子の非局所性を最も激しく批判したのがアインシュタインであったことは驚くに値しない．結局のところ，数世紀を経てようやく物理学を局所的なものにすることに成功し，ニュートンの課題に答えたのがアインシュタインその人だったのだから．それゆえその12年後に，別の理論が再び物理学の核心部分に非局所性を持ち込んだことは，彼にとって耐え難いものだったに違いない．1930年代から1940年代に，ベルの素晴らしい着想に誰もたどりつくことができなかったことは，残念なことであった．もし誰かがそうしていたら[b]，アインシュタインの反応はどんなものだっただろうか！

検出効率の抜け穴

ベル・ゲームでは，操作棒が左右のどちらかに倒されるたびに，必ず装置

a) 訳注：万有引力の強さは距離の二乗に反比例する形で小さくなるので，ニュートンの非局所性も遠くになればなるほど効果が小さくなる．これに対し，量子もつれによる非局所性は，どんなに遠く離れてもその効果が衰えることはない．このことが量子の非局所性を直ちに受け容れられない理由になっているのかも知れない．加えて，本書の重要なメッセージでもある，量子もつれの非局所性は決して通信には利用できない（そのため相対性理論と矛盾しない）という事実が，必ずしも広く理解されていないことも一因かと思われる．

b) 訳注：アインシュタインが亡くなったのは1955年．ベルの論文が発表されたのはそれから9年を経た1964年のことであった．

の画面に出力値が現れる．しかし現実には，この種の実験では時々光子が失われたり[1]，検出されなかったりすることがあり，そのような場合には出力が行われない．物理学者は，一部の光子が失われてしまう理由も，検出器の効率に限界が生じる理由もよくわかっている．しかし，それでもなお，出力のない場合があるという点で，理論上のゲームと現実の実験との間に違いが生じる．

実際の実験では，物理学者はアリスとボブの両方の装置に出力値が現れた場合のみを考察の対象にしている．つまり，それ以外の場合は単に無視するのだ．そして，このようにして得られたサンプルが（出力値が現れなかった場合も含めた）集団の全体を代表しているものと考える．つまり，「自然は欺かない」もの，すなわち自然は偏ったサンプルを提示しないと仮定しているのだ．この議論には説得力があるが，いずれにせよここに仮定が入り込んでいることは相違ない．そのため，それが非局所性を回避する可能性を覆い隠していないかを考えておかなければならない．

そこで，アリスとボブの装置が以下のような戦略を用いているとしてみよう．午前 9 時，各々の装置は操作棒が左（入力が 0）に倒されたときだけ，出力値 0 を出し，操作棒が右に倒された場合は出力しない．1 分後，今度は操作棒が右（入力が 1）のときだけ出力し，アリスの装置は出力値 1 を，ボブの装置は出力値 0 を出すものとする．このように各装置は，1 分ごとにどちらか 1 つの質問（操作棒の方向が右か左か）だけに応答し，そしてあらかじめ決まっている出力値を表示する．もし 2 つの装置がこのような約束事を事前に交わしていて，たまたま両方の装置が結果を出力するときのみサンプリングを行うならば，ベル・ゲームに 4 回のうち 4 回とも勝つことができる！実際，装置は答えたい（あらかじめ決められた）質問にのみ応じるので，まるで事前に質問を知っていたかのように振る舞うことができるのだ．ここで質問は 2 種類しかないので，それぞれの装置が偶然に「答えたい」質問を受ける確率は 50% である．したがって，実験においてそれぞれの装置で失われる

---

1) 原理的には，光子に質問をする前に，つまり操作棒を左か右に倒す前に，光子が失われるという事実を知っていれば，それほど深刻にはならない．そうでなければ，光子は質問が気に入らないと判断したときに，何らかの方法で自ら消える（したがって結果を出力しない）可能性を否定できなくなってしまう．

か検出されない光子の比率が全体の半分になる場合は，4 回のうち 3 回をはるかに超えてベル・ゲームに「勝てる」戦略を簡単に練り上げることができる．(上述した戦略のように) 毎回確実に「勝つ」ことだってできるのだ．なお，ここで「勝つ」に括弧を付けたのは，それがインチキだからである．装置は好きなときだけ応答すればよいのだから．

しかし，このように光子には特別な局所変数があって，特定の質問に対しては答えない —— すなわち検出器によって検知されないようにプログラムされているようなことはあり得るだろうか？ ほとんどの物理学者は，そのような可能性には極めて懐疑的である．彼らは光子検出器の仕組みを熟知していると考えている．加えて，これまでに行われてきた実験では半導体検出器や熱検出器など，多様な種類の検出器が用いられているのだ．他方，もしこの特別な変数の仮説を真摯に受け止めるならば，これらの変数が検出確率に影響を与えないとする理由は何もないことになる．繰り返し述べてきたように，このような疑問に対する唯一の正しい対応は，実験に訴えることである．ところが，どんな実験でも 100% の検出効率を達成することはない．この困難を回避するために，物理的な装置が応答しない場合を出力値 0 が得られたものと見なす方法がある．このようにすれば，もちろん大多数の結果は 0 になってしまうかもしれないが，いつでも答えが得られるようにはできる．

この方法を用いて，特別な局所変数があればベル・ゲームに勝てるという可能性を潰すには，光子の検出効率を 82.8% まで高めればよい (BOX 10 を参照)．しかしながら，82.8% という効率は今日の光子技術ではまだ少し高すぎる．幸運にも，我々はベル・ゲームを光子以外の他の粒子で実行することもできる．実際，米国の 2 つの物理学者のグループが，イオン (いくつかの電子を失った原子) を用いた実験で，特別な局所変数の仮説によって生じる検出効率の抜け穴を十分に塞いだ上で，ベル・ゲームに勝てることを示すのに成功している [45, 46] [2)]．この抜け穴を塞ぐのに 20 年以上の月日を要したことは，この種の実験技術がいかに高度なものであるかを物語っている．

2) 2013 年には，この問題に対処するために光子を用いた実験も実現された [2, 40].

BOX 10 検出効率の抜け穴

アリスの装置が結果を出力する確率を p とする．さらに，ボブの装置も同じ確率 p で結果を出力するものとしよう．そうすると，ある時刻に両方の装置がともに結果を出力する確率は p^2 である[c]．この場合には，アリスとボブはベル・ゲームに 4 回のうち $2+\sqrt{2} \simeq 3.41$ 回勝つことができる．他方で，両装置とも結果を出力しない場合も $(1-p)^2$ の確率で生じる．この場合，アリスとボブは出力値を 0 と見なしてカウントするので， 4 回のうち 3 回ゲームに勝つことができる．最後に，どちらか 1 つの装置だけが結果を出力する確率は $2p(1-p)$ であり，その場合アリスとボブは 4 回のうち 2 回ゲームに勝つことができる[d]．したがって平均すると，アリスとボブの勝率は，

$$p^2 \times (2+\sqrt{2}) + 2p(1-p) \times 2 + (1-p)^2 \times 3$$

となる．これは p が

$$\frac{2}{1+\sqrt{2}} \simeq 82.8\%$$

よりも大きいとき，またそのときに限り，（局所的な説明の限界値である）スコア 3 を上回る．

---

c) 訳注：両装置における光子検出の有無が独立である（両者に相関がない）ことは実験データから確認できる．このことより，確率の積の法則が使えることになる．

d) 訳注：1 番目の（両装置とも出力する）場合は，第 5 章の節「量子もつれを用いてベル・ゲームに勝つ方法」の最後の段落で説明されているように，（装置が出力した場合のみのサンプリングを用いると）スコア $2+\sqrt{2} \simeq 3.41$ を得ることができる（第 5 章の訳注 i も参照）．2 番目の（両装置とも出力しない）場合は，49 ページの「いつも 0 を出力する」戦略に相当するため，スコア 3 を獲得することができる．最後の（どちらかの装置のみが出力する）場合だけは，少し説明を要するだろう．出力しない装置はいつも 0 を記録することになるが，出力する方の装置の出力値はそれとは独立にランダムに 0 か 1 を取る（このことも実験で確認できる）．したがって，アリスとボブの結果が一致する確率は 1/2 となり，操作棒を倒す方向の組み合わせがどの場合であったとしても，ポイントを獲得する確率は 1/2 となるから，平均スコアは 2 となることがわかる．読者の中には，この場合も両方の出力を 0 とカウントしてしまえば，もっとポイントを稼げるのではと思う者もいるかもしれない．しかし，アリスとボブは（一日の最後にデータを比較するまでは）互いに通信することが許されないため，相手の装置が出力結果を生成したかどうかを知ることはできず，そのような戦略を取ることはできない．

局所性の抜け穴

ベル・ゲームの実験検証を行う上で，もう1つの大きな問題は，装置間の厳密な同期に関するものである．アリスの装置は，ボブによる操作棒の選択が —— 故意であろうとなかろうと，また公にしていようと隠していようと —— アリスに伝わってしまう可能性のある時刻よりも前に，出力を生成しなければならない．相対性理論によれば通信速度には光速の上限があり，それを超える通信はできない．したがって，ボブが選択 y を行ってからアリスの装置が結果 a を出力するまでの時間は，光がボブとアリスの装置の間を移動するのにかかる時間よりも長くなってはならない．また逆に，アリスの選択 x に関するいかなる情報も，ボブの装置が結果 b を出力するよりも前にボブに伝わることがあってはならない．さもなければ，局所性の抜け穴として知られる不都合が生じてしまう．そのような場合には，実際に相対論的な意味でアリスとボブは「局所的につながっている」ことになるからだ[3]．

局所性の抜け穴を塞ぐためには，アリスとボブが十分遠くに離れ，装置間の同期がうまく行われていることを保証した上で，ベル・ゲームを実行し（そして4回のうち3回以上勝た）なければならない．物理学者であれば「彼らは空間的に離れていなければならない」と表現するだろう[e]．この空間的な分離は，アリスがいる場所で選択 x が行われてから出力結果 a が記録されるまでの時間間隔の全体にわたって要請される（なお，x と a は古典的な変数であるため，量子特有の非決定性を持たない）．この時間間隔全体が，上に述べた意味で，ボブ側の対応する時間間隔全体と空間的に離れていなければならないのだ．

これを技術的に実現することがどれほど困難なものであるかを見るため，アリスとボブが 10 m 離れている場合を考えよう．これは，以下に述べるアラン・アスペによって行われた有名な実験と同じ設定のものである．光がこ

---

3) 相対性理論のことが気になる人は，次の点を知っておくとよいだろう．ある慣性系において2つの事象を光信号でつなぐことができないならば，他のどの慣性系においてもこの2つの事象をつなぐことはできない．つまり，この事実は慣性系には依存しない．

e) 訳注：相対性理論では，2つの事象が光速以下の速度で因果的につながり得るとき「時間的に離れている」と言い，そうでないとき（つまり，お互いに因果関係があり得ないとき）「空間的に離れている」と言う．

の距離を進むのにかかる時間は3,000万分の1秒である．この極めて短い時間の間に，測定の選択を決め，操作棒を倒し，出力結果を記録しなければならない．それがどれほど難しいことであるかは容易に想像できるだろう．もちろん，その間に誰か人間が測定を自由に選択することは実際上，できない．ましてや操作棒を倒すことなどは論外である．10 m という距離は，最新の光学装置を用いても短すぎるのだ．これを実行するためには，少なくとも数百 m から数 km の距離が必要となるだろう．それができないのであれば，物理学者のように何らかの賢い工夫をする必要がある．

さて，アスペと彼のグループがどのようにこの困難を克服したかを述べる前に，多くのベル検証実験（物理学者はベル・ゲームの代わりにベル検証と呼ぶことを好む —— その方が真面目に聞こえるだろう）では，この局所性の抜け穴にほとんど注意が払われてこなかったことを指摘しておきたい．その理由の1つは，まさにこれを扱うことが技術的に大変難しいということにある．しかしそれ以上に，アリスとボブの装置がベル・ゲームに勝つためには，彼らを本当に空間的に分離させる必要はないことを，実験に携わる科学者たちがよく承知しているからだ．例えば，試験で学生たちのカンニングを防ぐには，わざわざ彼らを遠くに離す必要はない．その代わりに，彼らが互いに影響を与えられるような，もっともらしい方法がないことを確証しさえすれば十分である．

長さが約10 m しかない実験室で作業するという問題を克服するために，アスペは次のような戦略を考えた．光子が光源から出た後，振動する鏡のようなものを利用して光子を2つの測定装置のどちらかにランダムに向かわせる．各装置はいつも固定された測定（同じ選択）をするように設定されている．しかし測定器は2つあるので，光子が光子源を出て空間に解き放たれたときには，自分がどちらの測定器に向かうかは予知できない．したがって，光子は答えるべき質問にあらかじめ備えておくことはできない．この仕掛けを用いる際の唯一の問題点は，アリス側とボブ側の各装置で2つの鏡の方向が本当に独立に振動しており，しかも，一方の配置に関する情報が他方に伝わることがあり得ないほど十分速い振動数で振動していることを保証しなければならないことである．つまり，鏡たちが本当にランダムに，そして互いに独立に振動していることを保証することが残された課題となる．

この仕掛けのおかげで，1982 年，アスペと共同研究者たちは局所性の抜け穴を塞ぐことに成功した [47]．パリ南西部のオルセーで行われたこの実験は，物理学の歴史の中で画期的なものとして語り継がれるだろう．以来，他の多くの実験家たちもこの抜け穴を塞ぐことに尽力してきた．1998 年，当時オーストリアのインスブルック大学に在籍していたアントン・ツァイリンガーは，数百 m の距離を用いて，非常に洗練された実験を行った [48]．この実験では，アリスとボブの測定選択のために 2 台の量子乱数発生器が使われ，結果は 2 台のコンピュータに局所的に記録された．各々のコンピュータが記録したのは，事象の時刻，選択および出力結果である．この実験において，彼らはベル・ゲームに 4 回のうち平均 3.365 回勝つことができた．

ジュネーヴの地で私たちも，北部のベルネ村と南部のベルビュー村の間をつなぐスイスコムの光ファイバー網を用いて，10 km を少し超えた距離間でこの抜け穴を塞ぐことに成功している [39,49]．私たちが用いた仕掛けは，アスペらによるものとは少しばかり異なっていた [50]．アリス側では，半透明の鏡が光子を 2 つの測定器のどちらかにランダムに振り分ける．ここでそれぞれの測定器は，操作棒を左に倒した場合と，右に倒した場合に対応している．それだけでなく，我々の装置では，各回にこれらの測定器のうちのどちらか 1 つだけが実際に動作するようになっている．すなわち，実験をするたびにアリス側の入力光子を測定する準備ができている装置は 1 つだけとなる．明らかにこの方法では光子の約半数を失ってしまうので，検出効率の抜け穴の問題は生じてしまう．しかしこの問題は，いずれにしても光ファイバー内での光子損失や検出器の効率の限界があるために，当初から存在していたものである．我々の実験は実質的にパリやインスブルックで行われた実験と同じものではあるが，その内容を大幅に簡略化することができた．図 9.1（右）に，我々が用いたもつれた光子対の発生装置を示す．標準的な光ファイバーを用いたこの小さな箱に，図 9.1（左）に示すアスペの実験室全体に相当するものが入っている．技術の進展と物理学者の豊かな着想によって，この 15 年の間にかくも大きな進歩がもたらされたのだ．

抜け穴の組み合わせ

1982 年のアスペの実験に続き，インスブルックやジュネーヴでの実験にお

図 9.1　量子技術の大きな進展を示す 2 枚の写真．左の写真は 1982 年，アスペが初めてベル・ゲームに勝った当時の実験室．この歴史的実験のために使われたもつれた光子対を発生させる巨大な装置で，部屋が一杯になっている．右の写真は 1997 年，ジュネーヴにあるベルネ村とベルビュー村の間で行われた，実験室外での最初の量子もつれ実験で用いられた発生装置．約 30cm 四方の箱の半分に，アスペが使用したものよりもさらに効率の良いもつれた光子対の発生源が収められている．この 2 つの実験はわずか 15 年しか隔たっていない．

いても局所性の抜け穴が塞がれた．しかし，これらの実験では検出効率の抜け穴は大きく開かれたままであり，逆に検出効率の抜け穴を閉ざした実験を行うと，局所性の抜け穴は開かれたままになった．そのため，理屈の上では，自然は我々の判断を誤らせるために，状況に応じてこれら 2 つの抜け穴を使い分けているという可能性も残される．しかしこの考えはあまりにも不自然であり，今日，これを本気で信じる物理学者はいない．元来，物理学者というものは，自然を信頼でき，そして信用するに足る仲間だと見なす傾向がある．自然は欺かない．かつてアインシュタインが言ったように「神は捉え難いが，悪意はない」のである．それでは，このまま非局性の性質を受け容れてもよいのか，はたまた，検出効率と局所性の抜け穴を同時に巧妙に利用する未知の複雑な法則によって局所性を救う方法を，我々は追究すべきなのだろうか？　この問いには，簡単に答えを出すことはできない．しかし，私たちはここでは実験科学の話をしているのだから，唯一の公正な答えは，両方の抜け穴を同時に塞いだ実験を行うことであろう．

これまでにそのような実験が行われていない理由は，それが単に難しいからである．検出効率の抜け穴を塞ぐためには，光子よりも検出が簡単な重い粒子を用いる方がよいが，局所性の抜け穴を塞ぐためには，容易に長距離を伝わる光子を用いる方が望ましい．そのため，もつれた光子対を送ることで長距離間の量子もつれを実現し，テレポートを利用してその量子もつれを原子に移すことのできるような発展した技術が望まれる．実際そのような技術が実現されれば，光子が実際に到着しているかを確認し，かつ効率的にその状態を検出することができるようになる．この魅力的な可能性は，おそらく今後3年以内に現実のものとなるだろう．

しかし現時点においては，抜け穴の組み合わせは論理的な可能性として残されており，その妥当性については今後の検証を俟たねばならない[f)]．

隠れた超光速通信

それでは他の（非局所相関の）説明はあり得ないのだろうか？　この問いに答えることは，常に我々の想像力の欠如を露呈しかねないほど難しい．事実，これまでに多くの物理学者，哲学者，そして情報理論家たちが何十年にもわたってこの問題に取り組んできたが，今のところ信頼に足る代替案は提案されていないようである．そうではあるが，本章の残りで，いくつかの他の可能性についても探っておくことにしよう．

真っ先に思い浮かぶ代替案は，光の速さを超えてアリスからボブへと伝搬する，ある種の隠れた —— すなわち21世紀初頭の物理学者にはその正体が見えない —— 影響が存在する可能性だ．驚くかもしれないが，実は相対論を扱わない物理の教科書では，ベル検証実験を説明する際にこのような考え方が使われることが多い．そのような教科書では，アリスによって行われた測定が非局所的な（遠くの）ボブ側での波動関数の収縮を引き起こしていると説明する．このような説明は相対性理論と相容れないものの，他にもっともらしい説明がないがゆえに，学生に教える際に便宜的に用いられているのだ！

ジョン・ベルが「ある種の共謀が存在し，表に出てはいけない何かが裏で

---

f) 訳注：「日本語版への序文」にもあるように，2015年になっていくつかの実験グループによって「局所性」と「検出効率」の抜け穴は同時に塞がれた．その中の実験の一つ（文献 [3]）は，光子対の量子もつれを電子対に移し，これを測定することでこれら両者の抜け穴を塞ぐことに成功しており，上で著者が示唆した方策に沿った解決法が実行されている．

行われている」かのごとく物事が起こっていると述べたのも，この隠された影響を想定してのことだった [51].

超光速は，ある特別な慣性系 —— 「選ばれた慣性系」と呼ぶ —— が存在した場合にのみ，これに対する相対速度として定義することができる．慣性系とは，互いに一定の速度で運動する空間座標軸の（任意の）1 つであることを思い出そう[g]．

このような「選ばれた慣性系」が存在するという仮説は，相対性理論の精神に真っ向から反するため，ほとんどの物理学者はこれを認めるべきではないと考えている．しかしながら，実際には「選ばれた慣性系」の仮説自体は相対性理論と矛盾しない．これを知るには，今日の（相対論に基づく）宇宙論がまさにそのような慣性系を認めていることを指摘すれば十分であろう．すなわち，ビッグバン以後の宇宙の重心系として定義される慣性系がそれである．物理学者たちは，これをビッグバンの名残りである宇宙全体を満たしているマイクロ波背景輻射が等方性を持つ慣性系と見なし，これを驚異的な精度で測定している．この慣性系を基準とすると，地球はおよそ秒速 369 km の速さで動いている [52]．そして地球の運動方向もよくわかっている．

したがって，（何かしら未知の）「影響」が光速を超えて伝わることのできるような「選ばれた慣性系」の仮説は，最初から排除すべきものではない．この仮説が非局所的な相関を説明することができるのではないだろうか？ そうであれば，空間を点から点へと伝わる仕組みに基づく局所的な説明が可能であり，そのような相関を非局所的なものと考える必要はなくなる．しかし，ここで仮定されている「選ばれた慣性系」が何であるかを実際には知らない状況の下で，どうやってこの仮説を検証することができるだろう？

それには，局所性の抜け穴の検証と基本的に同じ考え方を使えばよい．すなわち，アリスとボブは同時に —— 仮定した影響が相手から到達するよりも前に —— それぞれの選択を行い，その測定結果を得るのだ．ただし，これまでよりも大きな距離を隔てなければならないか，あるいは測定のための同期（時間合わせ）の精度をさらに改善しなければならないだろう．ここで

g) 訳注：正確には，慣性系とは慣性の法則（すなわち，物体に力が働かないとき，物体は一定の速度で運動を続ける）が成立する座標系のこと．1 つの慣性系に対して，一定の速度で移動する座標系はすべて慣性系である．

の困難は，アリスとボブが同期を行うべき慣性系を指定しなければならない点にある．と言うのも，相対性理論によると1つの慣性系で同期していたとしても，まったく同期していない他の慣性系が存在するからだ．考えている速さが光速以下である場合は，このような問題は存在しない．なぜなら，その場合には，ある1つの慣性系での同期が（互いが他に発した）光の到達前に行われていれば，他のいかなる慣性系においても同期は光の到達前に行われることが保証されるからである．しかし，光速を超えて影響が及ぶ場合には，アリスとボブが同期する慣性系を指定する必要がある．

米国バークレー近郊のローレンス・バークレー国立研究所（LBNL）のスイス人物理学者フィリップ・エーベルハルトは，可能性のあるすべての仮説上の慣性系を一度に検証できる見事な方法を考案した．彼の方法は比較的簡単なものだ．BOX 11 にその概要をまとめたので，興味のある読者は参考にしてほしい．手短かに言うと，地球の24時間の自転を利用して，アリスとボブが（同一緯度の）東西方向に沿って各々の位置を確認するというものだ．

実際にこの実験は，私のグループによってジュネーヴに近い2つの村，西側のサティニー村と，そこから約18 km 離れた東側のジュシー村との間で行われた．この実験は地球が半回転する12時間にわたって続けられ，計4回繰り返し行われた [53]．同様の実験は，イタリアのグループによっても行われている [54]．実験結果の解釈は，仮説上の「選ばれた慣性系」に対する地球の速さに依存する．当然ながら我々はその速さを知らないので，話はいささかややこしい．しかし，仮にこの速さが宇宙の重心に対する地球の相対速度よりも遅いとするならば，この実験によって光速の5万倍までの速さによる影響の可能性を排除することができる．これはとてつもない速さであり，誰もが想像するよりもはるかに大きな速度であって，それゆえ物理学者はそのような影響はあり得ないものと考えている．したがって，アインシュタインの有名な言葉を借りれば「奇怪な遠隔作用」は存在しないようだ．やはり，非局所的な相関は時空の外から生じているように思われるのだ．

しかし，光速の5万倍でもまだ十分でないかも知れない．ひょっとすると，光速の100万倍までの速さの影響の可能性を排除するために，より精度の高い実験を行う必要があるかもしれない．光速（約300,000 km/s）は空気中の音速（約340 m/s）のおよそ100万倍であることを思い出せば，その次に重要となる速さが光速の 100 万倍となってもおかしくはない．

もしかしたら「選ばれた慣性系」に対して無限の速さで伝わる影響の可能性を考える人もいるかもしれない．実際，それは（私が生まれた年の）1952 年，デヴィッド・ボームによって考察され，数学的には可能であることが示されている [55]．この仮説は，空間の任意の 2 つの領域を瞬時につなぐ影響があり得ることを意味する．しかし，遠く離れた領域が瞬時につながるような空間なんて理解することができるだろうか？　ある意味で，そのような影響の存在を非局所相関の説明として認めることは，その影響が実際には空

BOX 11　サティニー - ジュシー実験

地表の東西方向に沿って位置するアリスとボブが，彼らの時計に従って同時刻に，すなわちジュネーヴとともに動く慣性系において同時刻に測定を行うものとしよう．地球は地軸を中心に回転しているので，ジュネーヴの慣性系は常に変化することになるが，その変化は（ベル・ゲームの勝敗を決める）測定データを得るのに必要な時間に対しては無視できるほど小さい．相対性理論によると，アリスとボブの測定が同時刻であることは，二人の位置を結ぶ軸と直交する方向に動くいかなる慣性系から見ても保証される．したがって，北極と南極を通る平面内を動くいかなる慣性系においても同時刻となる．この平面は，地球が地軸に対して半周する 12 時間の間にやはり半周するため，その間にこの平面は空間全体を掃くことになる．ということは，もし「選ばれた慣性系」が存在するのであれば，アリスとボブが 12 時間にわたってベル・ゲームを続ける間のどこかの時点で，彼らの測定がこの「選ばれた慣性系」から見て完全に同時刻に行われるときが来るはずだ．したがって，もし（12 時間の間ずっと）アリスとボブがベル・ゲームに 4 回のうち 3 回を超えて勝ち続けるならば，「選ばれた慣性系」に対して定められる超光速通信に基づいた説明は反証されることになるだろう[h)]．ただし実際の実験では，同期を完全に行うことはできないし，東西軸の配置にも誤差があり，またベル実験の勝敗を決めるデータを得る時間も完全には無視することはできない．そのため，この実験から結論できることは仮定された超光速の影響の速さに下限を与えることだけである．

---

h) 訳注：アリスとボブの測定が同時刻であることが保証されているために，たとえ光速を超えて伝わる影響が存在したとしても，それが有限な速さである限り，これをアリスとボブの間の情報伝達に用いてベル・ゲームを勝たせることはできないことになる．

間を伝わるものではなく，空間外にある長さが 0 の近道をたどっていることを認めるのに等しい．このような仮説の説得力は，私には弱いものに思われる[4]．多くの哲学者がこの代替案に共感を覚えているようだが，これに興味を持っている物理学者はほとんどいない．

仮説上の影響の速さの下限を確立することしかできないこれらの実験の困難を回避するために，適切な仮定の下で，いかなる隠れた超光速の影響も最終的には超光速の通信を可能にしてしまうことを示そうとする理論的な試みもある [57,58]．超光速通信は相対性理論によって禁止されているため，もしこの試みが成功すれば，任意の速さで伝わる隠れた影響は存在しないと結論できるだろう．これは超光速の隠れた影響に関するあらゆる仮説を完全に排除することのできる興味深い研究計画である．幸いなことに，本書の執筆中に，ある理論研究者グループが任意の有限の速さで伝わる影響に基づく非局所性の説明を排除することに成功している（第 10 章を参照）．

アリスとボブはともに相手より早く測定する

この節では，物理学者が非局所性を認めなくて済む方法をいかにして模索してきたかを示す，もう 1 つの試みを手短かに紹介しておこう．アントワーヌ・スアレスとヴァレリオ・スカラーニによって提案されたこの仮説では，アリスの装置が結果を出力すると，その結果が超光速で宇宙全体に行き渡り，ボブの装置にも伝わることが仮定されている [59]．同様にして，ボブの測定結果もアリスの装置に超光速で伝わる．こうすると，最初に結果を出した方が次に結果を出す方に情報を伝えられるから，これを用いて，前節の場合と同じく（局所的な戦略を用いても）ベル・ゲームに勝つことができる．この仮説では，超光速は，ある 1 つの「選ばれた慣性系」に対してではなく，情報を発信する装置が止まっている慣性系（物理学の用語では静止系）に対し

4) 伝送を伴わない通信を避けるために，ボームのモデルでは，ある種の変数は決して検知され得ないことが仮定されている．しかし，本質的に検知され得ないような変数はもはや物理的なものとは言えない．興味深いことに，ボーム自身は次のように述べている [56]：「量子の非局所的なつながりが，無限の速さではないにせよ，光速をはるかに超えた速さで伝わることは十分にあり得ることだ．そうであれば，現在の量子論の予言から逸脱する観測結果も（例えば，アスペが行なった実験のある種の拡張によって）期待できるだろう．」

て定義される．このように各装置，とりわけその中の測定器が慣性系を定め，それらの慣性系が発信する情報が伝わる速度を決めるという考えが，ベル・ゲームの解釈にどのような変更を迫るかを調べてみることは興味深い．

しかしながら，このような仮説を検証することは現実には難しそうである．事実，スアレスとスカラーニがこの仮説を提唱した 1997 年当時，彼らの仮説はそれまでに行われたすべての実験結果と矛盾するものではなかった．それでも，次のような状況が考えられる．アリスとボブがそれぞれ自分の装置と一緒に非常な高速で，互いに相手から離れつつあるとする．それゆえ，アリスの装置の静止系とボブの装置の静止系とは異なる．アインシュタインの相対性理論によれば，2 つの事象が時間的に同時に起きるか，あるいはどちらが先に起きるかは，どの慣性系から見ているかに依存して決まることを思い出そう．このことから，上で述べた実験を「アリスの慣性系においてはアリスが選択し結果を得ることがボブの同じ作業よりも先に行われ，かつ同じ実験で，ボブの慣性系においてはボブが選択し結果を得ることがアリスの同じ作業よりも先に行われる」ようにすることができる．物理学者はこれを「先 - 先（before-before）実験」と呼ぶ．なぜならば，二人のプレーヤーであるアリスとボブは，ともに相手よりも先に作業していることになるからだ！　つまり，相対性理論の不思議さを用いて，量子論の不思議さを検証しようというのである．

この「先 - 先実験」を行うのに最大の課題は，互いの作業の時間的順序が二人の慣性系では逆の順序になるように，十分に速くアリスとボブの装置を動かすことである．これは確かに困難な課題ではあるが，少し工夫を凝らせば不可能ではない．アリスの実験室をそのまま宇宙船に乗せることは，まったく非現実的である．しかし，真に偶然的な事象が起きる肝要な装置の部分のみを動かしさえすれば，それで十分である．ジュネーヴにおける最初の実験[5)]では，我々は検出器を毎分 1 万回転する円盤上に設置した．円盤の端の速さは時速 380 km（秒速 100 m ほど）に達する [60,61]．相対論的な効果が現れるためには，光速（秒速 30 万 km）に近い速さを必要とするから，これ

5) この実験は，マルセル - モニーク・オディエ精神物理学財団の資金援助を受けて行われた．物理学を専攻し数学の博士号を取得したマルセル・オディエは，家業のプライベートバンク「ロンバー・オディエ」の 5 代目代表となった．

でもまだ遅いと思うかもしれない．しかし，もしアリスとボブが 10 km 以上離れているならば，精度の良い同期によって「先 - 先実験」の相対論的効果を得ることができる．さて実験の結果は，スアレスとスカラーニの仮説を否定するものとなった．ただし，円盤には検出器そのものではなく光子の吸収器のみが設置されていたため，アリスの結果に相当する「光子を吸収したか否か」に関する情報は，干渉計の出口に設置された別の検出器で読み取られているという弱点があった．

この実験を注意深く観察していたスアレスは，直ちに「動かすべきは検出器でなく，干渉計の最後のビーム・スプリッターなのだ」と主張した．スアレスによると，選択を担う装置，すなわち最終的に選択結果（読者はよく承知しているように，それは真の偶然性によるものである）を決める構成要素は，このビーム・スプリッターの半透明鏡にこそあることになる．しかし，どうすればビーム・スプリッターをそれほど速く動かすことができるだろうか？私の同僚であるヒューゴ・ズビンデンが，「結晶の中を伝わる音波を使う」という方法を思いつくにはさほどの時間がかからなかった．そのような波は秒速 2.5 km ほどで伝わるため，実験を実験室内で実施することができる．そしてこの実験によって，あらためて量子論の正しさが裏づけられる結果が得られた．この動く半透明鏡を用いても，アリスとボブは 4 回のうち 3 回を超えてベル・ゲームに勝つことができたのだ[6)]．実験から数日間の苦悶の日々を経て，スアレスはついにこの結果を受け容れた．たとえ自分たちの理論が論破された（誤りが立証された）としても，彼らは考察に値する科学の仮説を提議したことを誇るべきであろう．

超決定論と自由意志

非局所性を受け容れずに済むには，他にどのような方法があり得るだろうか？　苦し紛れの試みの 1 つに，アリスとボブが装置の操作棒を倒す方向を

6) 私たちの結果を知ったスアレスは，すぐにジュネーヴにやって来て，実験を担当する学生が設定を間違ってることを見つけた．実のところ，半透明鏡は互いに離れる方向ではなく近づく方向に動いていたのだ．私たちは誰もこのことに気が付いていなかった（自慢にならない！）．実験は修正され，繰り返し行われたが，それでも結果は変わらなかった．

自由に選択できないとする仮説がある．これは自由意志の存在を否定することに等しい．もしアリスに選択の自由がなく，あらかじめ決まった方向に操作棒を倒すようにプログラムされているならば，ボブや彼の装置が（何らかの手段によって）事前にアリスの選択を知っていたとしてもおかしくない．その場合，アリスの出力結果も事前に決まっていたと想定することができるから，すべてを知るボブにとってベル・ゲームに勝つことは造作ない．量子物理学が許す頻度をはるかに超えて，常時，勝つことだってできてしまう[7)]．

自由意志の存在を否定するとは，なんて奇妙な提案だろう．非局所性とは，誰もが信じる常識を否定しなければならないほど衝撃的なものだろうか？　私たちは自ら学習し，数学，化学，物理学はもちろんのこと，他の多くの科目について学ぶが，自由意志を否定してしまうと，身近な経験が教えてくれることはおろか，1 つの数式や歴史的事実，あるいはちょっとした化学反応ですら知るということがなくなってしまう[i)]．私から見れば，この考え方は認識論の基本的な誤謬以外の何ものでもない．

---

7) 裏を返せば，このような巨大な陰謀が成功するには —— アリスとボブの一見自由に見える選択がベル・ゲームに（ちょうど量子物理学が許す頻度で）正確に「勝つ」だけの相関が生じるように —— 極めて高い精度でプログラムされていなければならないことになる．

i) 訳注：ここで採り上げられている身近な経験，数式，歴史的事実，化学反応などは，いずれも原因と結果の間の因果関係を知るための表現の形態であるが，それらに共通する構造は，対象物を外部から調整（コントロール）する因子が存在し，その因子を自由に変えた場合，結果がどのように変化するかを「物語」として説明するというものである．例えば物理学においては，多くの場合，ある時刻での対象の状態（初期状態）を指定する要素が外部からの調整因子に対応し，これを自由に変化させたときに後の時刻での状態（終状態）を一意に定める「物語」が物理法則であり，これを端的に表現したものが数式である．ところが，もし自由意志が存在せず，初期状態という調整因子を自由に変えられないとすれば，限定された初期状態に対して結果としての終状態を割り当てればそれで事足りることになり，その間に「物語」としての因果関係は必要でなくなる．さらに，我々には見えない何らかの（陰謀的な）因果の連鎖によって，人間の意志を含めてすべての物事の結果が定まるとするならば，それは人間に認識（測定）可能な材料に基づいて因果関係の「物語」を構築しようとする科学の方法論とは相容れないものとなる．「超決定論」の立場は，原理的には人間の意志を含めてすべての物事が因果的に定まっているとするものであり，それを根柢から否定することはできないが，これを認めると実際上，科学的な議論そのものが不毛になる懼れが生じるのである．

もし自由意志がないならば，我々は科学の理論の正しさを検証しようとさえしなくなるだろう．私たちは，実際には物体が（重力に逆らって）上昇することもある世界に住んでいるのに，落ちていくときのみを観察するようにプログラムされている可能性すらある．正直なところ，あなたが自由意志を持っているという証拠を私は持ち合わせていないが，私は確かに自由意志を享受しているのであって，あなたはそれを否定できないだろう．この種の議論は得てして循環論法に陥るものである．自由意志がないとする仮説は論理的には可能ではあるが，まったくつまらない考え方であり，この世界には私しか存在せず，他の人間は私の意識の中に宿る幻想に過ぎないと考える「唯我論」のようなものである．

このような超決定論の仮説はほとんど議論するに値しないものだが，多くの物理学者が，そして量子物理学の専門家でさえもが，量子物理学に現れる真のランダム性と非局所性に困り果てている様子を示すためにここで採り上げたまでのことである．だが，私にとって結論は明確である．自由意志は確かに存在するし，それは科学，哲学，そして理性に基づいて筋道の通った考えをするための前提条件である．自由意志なくして，理性的な思考は存在し得ない．というわけで，科学や哲学を行う上で自由意志を否定することはあり得ない[j)]．なるほど，ニュートン力学や量子論のある種の解釈のように，決定論的な物理理論も存在する．しかし，それは我々の自由意志の経験と矛盾するので，これらの理論を独断的にほとんど宗教のような究極の真理の地位にま

---

j) 訳注：量子力学の非局所相関を確証する上での自由意志の存在の仮定の重要性は，つとにベル自身によって指摘されているが，彼の立場は本書の著者と類似しているものの，必ずしも同じではない．ベルの考えでは，自由意志の存在は科学の基盤として重要だが，それは本質的に実証可能なものではないので，もしそれが不満足であれば，ランダムな変数のような「実効的に自由選択されたと見なせる外部因子」があれば，実際上はその存在で良しとするのが合理的だとする．実のところ，これまで行われた多くのベル不等式の検証実験では，「自由意志の存在」はこの意味での実効的な「自由選択の問題」として扱われている．加えて，ベルはさらにこのランダムな変数に置き換える合理的な考えさえもが誤っている可能性があることを認めた上で，次のように述べている [62]：「そのような陰謀論的な事象が必然的に生じる理論が現れ，その陰謀論的事象が他の理論の非局所性よりも受け容れやすく見えるものになっていることはあり得よう．もしその種の理論が提案されれば，方法論的またはその他の理由から，私がそれに耳を傾けることを厭わない．しかし私自身はそのような理論を作ろうとは思わない．」

で高めるのはまったく道理に合わない．ニュートンは，自分の理論が森羅万象を説明するなどとは決して主張しなかったことを思い出そう（そしてこれは彼の自尊心の欠如によるものなどではない！）．それどころか，ニュートンは遠隔地間の非局所的な引力を伴う彼の重力理論を「不条理なものではあるが，他に良いものがないため，少なくとも計算くらいには使えるだろう」とはっきり述べているのだ．ニュートン理論をほとんど宗教的な地位にまで高めたのは —— 次の有名な宣言 [63] にあるように —— ラプラスである．

> ある知性が，ある時点において，自然を動かすすべての力と，自然を構成するすべての要素のそれぞれの位置を知り，これらの情報を分析するに十分な能力を備えているのであれば，宇宙の最大の物体から極小の原子に至るまでのすべての動きを 1 つの方程式で記述できるであろう．そのような知性にとっては不確かなものなど何もなく，未来は過去と同じように（確たる姿で）眼の前に立ち現れるだろう．

量子力学の歴史はこれとは異なっている．その主たる創始者であるニールス・ボーアは，いかなる科学理論も真の意味では完全になり得ないにもかかわらず，自身の理論は完全であると常に主張していた[k)]．

端的に言えば，アリスの自由選択の可能性を否定することは，科学の有効性を否定することに等しい．だから，この苦し紛れの仮説はひとまず傍らに置いておくことにしよう．当然ながら，このことが科学を停滞させ，自由意志のよりよい理解を妨げるようなことがあってはならないが，私は，科学がこの特別な課題を完全に語りつくすことは決してないと確信している．

この節を明るく締めくくるため，ニュートンの言葉を少しばかり言い換えてみることにしよう：幻想に過ぎない自由意志を信じるがゆえに，作用と力を伝える媒介なしに，空間を隔てた遠隔的な非局所相関の存在をも信じてしまうのだ —— このような考えは，私にとっては大いなる不条理であり，それは哲学的な事柄をまともに考える能力を持つ人ならば，決して受け容れる

k) 訳注：正確に言えば，ボーアが行ったのはアインシュタインらが EPR 論文で主張した「波動関数による物理的実在の記述の不完全性」に対する反論であり，その意味における量子力学の「完全性」を示唆するものであった．それはここで話題となっている物理理論の決定論的性質とは直接関係せず，ボーア自身が自由意志の存在を否定していたわけではない．

ことはできないものだと信じる[1]．

実在性

本章を終えるにあたり，もう1つの苦し紛れの仮説である「実在性の否定」の考えについて触れておこう．そもそも，実在性を否定するとはどういうことなのか[8]？　そして，それは何の役に立つのだろうか？

1990年以前は，非局所性を —— ベルの不等式ですらも —— 話題にした論文を一流の専門誌に発表することは不可能に近かった．振り返れば，量子物理学の創始者たちも，この新しい物理学を（当時の学界に）認めさせるのには厳しい戦いをしなければならなかったし，実際，ニュートン物理学の擁護者たちには長年にわたり手こずらされた．しかし，次の世代の物理学者がこの戦いを引き継いだ頃には，ほとんどの反対派はいなくなっていた．こうして我々は，もうさらなる進展はなく，また必要でもないという考えに落ち着いてしまったのだ．ところが1990年代初頭になると量子もつれや非局所性の応用が出現し，物理学者たちは量子物理学のこれらの側面に対する新しい —— とりわけ偏見のない —— 評価に迫られるようになったのである[9]．

---

1) 訳注：ここで言い換えの対象としているニュートンの言葉は第1章のBOX 1にあるものだが，不条理の力点がニュートンの言葉では結論部分にあるのに対し，この言い換えでは前提部分にあり，必ずしも文としての構造上の対応はしていない．この言い換えの文章は自由意志の否定に対する著者の強い不信感が顕れたものだが，一般に自由意志の存否に対する物理学者の見解にはかなりの個人差があり，例えばベルの見解は本章の脚注jにある通りである．

8) 物理学者の中には，実在性と（ランダム性を否定する）決定論は同じものだとする者もいる．しかしこれまでに（第3章で），非局所相関には取り除くことのできないランダム性が付随することを見てきた．したがって私たちは，真のランダム性と両立する実在性の姿を模索しなければならない．

9) 関連することとして，初めての量子暗号の論文があらゆる物理専門誌から掲載を拒絶されたという興味深い事実がある．そのため量子暗号の初出は，インドで開催された計算機科学の会議録となった．〔訳注：これは第7章の113ページにも述べられているベネットとブラッサールの論文のこと．なお，この論文は2014年になって入手しやすい形で別の専門誌に再掲載された[96]．〕一般の人からは意外に思われるかもしれないが，経験豊かな物理学者は，飛び抜けて独創的なアイディアを（専門誌に）発表するのは非常に難しいことを知っている．そのためには，研究者間にある懐疑の障壁 —— すなわちすでに確立された事柄と整合的でないものを排除するためのフィルターを乗り越えなければならないのだ．

だが，それにもかかわらず，ある1つの慣行がしぶとく残っていた．それは，常に「局所変数」ではなく「局所実在性」について話したり書いたりするという慣行である．これは熟考の結果そうなったのではなく，意図的な用語の選択によるものだったのだろうと私は見ている．

今日，「非局所性」と「非実在性」のどちらかを選択しなければならないという主張をよく耳にする．これを聞いてまず成すべきことは，当然ながら非実在性とはいったい何を意味するかを明確にすることだろう [64]（他方，非局所性とは「局所的な実体のみでは記述できないもの」だということに留意しよう）．残念ながら，私には非実在性が何を意味するのかを正確に述べることはできない．しかし私の感覚では，非実在性の考えは何にもまして心理的な逃避に思われる．スイスの人々が緊急警報が鳴ると核シェルターに避難するように，非局所性を受け容れることのできない人たちは知的なシェルターへ避難する．当座はそれでよいとしても，いつかはシェルターから出てこなければならないだろう．

それではこれらの問題について言うべきことは何もないだろうか？　そうとは限らない！　ここで話をベル・ゲームに戻そう．アリスとボブの測定結果が「実在」するように，彼らの選択も「実在」するはずである．物理学者や計算機科学の研究者にとって，アリスとボブの装置の入出力は，古典変数，すなわち数（ビット）であり，それらは認識，コピー，記録，そして公表することができなければならない．要するに，それらは量子の非決定性には影響されない具体的な実体でなければならない．我々は，前節で自由選択（入力）が単なる幻想に過ぎない可能性を論じたが，装置から生成される測定結果（出力）の方はどうなのだろう？　これらもまた実在しないということがあり得ようか？　もしこれらの結果も心理上の単なる幻想だとするなら，我々は再びある種の唯我論という無意味な議論に戻ってしまうだろう．

とは言うものの，確かに私たちは，これらの結果が正確にいつ生じたのかに関しては真剣に考えなければならない．お互いの装置の影響を防ぐためには，それらの影響が伝わるよりも前に，結果を生じさせなければならなかったことを思い出そう．原理的には両方の装置を十分遠くに離しておけばよいのだが，実際には話はそれほど単純ではない．実のところ，量子物理学では測定結果が生じる瞬間を明確に特定することができない．ほとんどの実験家は，光子が検出器の表面の数 μm の層を通り抜け，電子のカスケード反応（連鎖的な滝状の流れによる電流の増幅現象）が起きた段階で，測定結果はすでに生じているものと考えている．しかし，それはどうやって確かめられるのだろうか？　増幅の最終段階まで待つべきなのだろうか？　あるいは，その結果がコンピュータのメモリに記録されるまで待たねばならないのだろうか？　はたまた，人間の記憶領域に記録されるまでなのか？　この最後の考えについて，ジョン・ベルは「その記憶領域は博士号を持った物理学者のものでなければならないのかな」とよく冗談を言ったものであった．

確かに量子物理学は，測定結果が正確にいつ生じたのかを特定する手立てを与えてくれないが，それは光子が検出器に入射した後であり，我々が検出結果を知覚するよりもずっと前のことでなければならない．そのため，ここに非常に小さいとはいえ，逃げ道の可能性があることになる．つまり，実験家が想像しているよりもずっと後に測定結果が生じており，それまでの時間間隔を何らかの巧妙な通信手段がアリスとボブの装置の連携に利用している可能性が残されているのだ [65]．

この点で関連するのは，ラヨシュ・ディオシとロジャー・ペンローズ[m)]の二人の物理学者が独立に考案した，測定の時間間隔と重力効果を関連づける理論モデルである [66–68]．彼らの理論モデルの予言はほとんど似通っており，これを検証するためには，ボブは彼の検出器が光子を検出するや否や，非常に重い物体をとても速く動かさなければならない．最近，ジュネーヴ大学の私の研究グループが，これらのモデルとベル・ゲームへの影響に関する検証実験を行った．その結果は，量子論の予言と完全に一致するものとなった．ディオシのモデルもペンローズのモデルも，非局所性を回避する方法を提供することにはならなかったのである [69]．どうやら量子の非局所性は，極めて堅牢な概念のようである．

多世界解釈（多元宇宙論）

量子物理学の一部の研究者の間で人気のある最後の逃げ道は，（ランダム

m）訳注：ペンローズはオックスフォード大学（英国）の物理学者で，ホーキングとの共同研究であるペンローズ - ホーキングの特異点定理などでよく知られている．ブラックホールの生成に関する理論研究で 2020 年のノーベル物理学賞を受賞した．

な）測定結果など決して存在しないとするものである．この仮説によれば，N 個の異なる結果を得る可能性のある測定の場合，1つの結果を（ランダムに）得るたびに，宇宙が N 個の世界に分岐する．個々の世界はその他の世界と同様に実在し，それぞれの世界では可能な N 個の結果のうちの1つが実現される．そして観測者も N 個のコピーに分かれ，各々の世界で実現された測定値を「視認」することになる．これが多世界解釈，または多元宇宙解釈と呼ばれるものであり，宇宙は唯一の存在と考える他の解釈と大きく異なっている．この解釈の支持者たちは，自らの仮説は真のランダムさを必要としないことから最も単純な「解決策」であると主張し，オッカムの剃刀の原理（複数の仮説がある場合，その中で最も単純なものを採用すべしとする指針）に基づいて，これを受け容れるべきだと主張する．

この解釈の単純性に関しては，誰もが独自の見解を持つことだろう．私からは，2つの感想を述べるに留めておこう．その第一は，理論や実験的証拠がどうであれ，いつだって真のランダム性の存在を否定することができるということだ[10)]．それには，このランダム性が姿を現すたびに宇宙が分岐し，個々の測定結果は分岐した平行宇宙のどれか1つで実際に（ランダムにではなく確実に）生じていると仮定するだけでよい．しかし私には，これはその場しのぎの仮説にしか思えない[11)]．

第二に，多世界解釈は全体としての（非分離的な）決定論を示唆している．実際，この解釈によると，量子もつれは決して切れることなく，次々と拡がっ

10) もちろん，そのためにインチキのような方策を取ることだってできる．つまり，量子論に，未来のあらゆることを決定するような非局所的な隠れた変数を追加すればよいのだ．これらのパラメーターは単に未来そのものであってもよい！　それらは必然的に非局所的であり，現在の我々には知ることができない（隠れている）．率直に言えば，私はそんなものにはまったく興味がない．またしても，それは単なる言葉遊びに見える．

11) 多元宇宙論の信奉者たちは，自分たちの理論は局所的であると主張するが，それがどのような意味でそうなのかは明確でない．アリスが操作棒を倒すとき，測定器とその外部環境の全体が2つの世界の重ね合わせに分かれ，どちらの世界も等しく実在することになる．ボブの方も同様だ．アリスとボブの環境が出会うとき，それらはちょうどベル・ゲームの規則を遵守するようにそれぞれの世界の中でももつれる．そして，それはシュレーディンガー方程式に従って時間発展するものとされるが，美しい方程式に曖昧な言葉を割り当てているだけなのではないのだろうか？　それは説明というべきものになっているのだろうか？　何より，その説明は本当に局所的なのだろうか？

ていくことになる．そのため，すべてが互いにもつれることになり，自由意志のような要素が入り込む余地はなくなる．その状況はニュートン力学の決定論よりもたちが悪い．ニュートンの理論ではあらゆるものがしっかりと局在化され，必然的に分離されたものになっていた．そのため，開かれた世界 —— 現在が未来のすべてを決定することはない世界 —— を記述する余地が，将来の理論には残されていたのである[12)]．そして，この望みは量子論の出現によって現実に成就されることになった．もちろん，それでもなお，私たちは自由意志を説明するにはほど遠い段階にある．しかし，多元宇宙論には開かれた世界を説明できる望みはまったくない [71].

12) 量子の変数と古典の変数（例えば測定結果）の両方を含む理論では，このことは「古典変数による量子変数の時間変化の制御が可能」とすることによって定式化できる（実験家は以前の測定結果に基づいて，量子系のポテンシャルを駆動する等のことができなければならない）[70].

10

非局所性の新しい展開

それでは2つの離れた時空領域は，いったいどのようにして，相手の領域で起きていることを「知る」のだろうか？　私にとってこれは極めて重要な問題である．それは現在起きつつある物理学の概念的革命の核心を成す問題なのだ．それなのに，どうしてこれを問題にする物理学者がほとんどいないのだろうか？　なぜこの問題は，EPR パラドックスが提議された1935年から，エカート [72] によってその相関が暗号に応用できることが示された1990年代初めまでの間，完全に無視され続けてきたのだろうか？　その理由は単純なものではない．1935年当時の物理学者たちには，新奇な現象を説明する方法を突如として提供してくれた新しい量子物理学を用いて，成すべき重要な仕事がたくさんあった．そのため，量子もつれや非局所性のような問題は後回しにされてしまった．加えて，ボーアをはじめとする「コペンハーゲン学派」が，量子力学は完全な理論であることを声高に宣言したために，その頃生じていた好奇心が抑圧されてしまったのである．

物理学者たちは，長い間，新しい物理学の成功に圧倒され続けてきたために，直ちにボーアらの宣言の不条理さに気づくことができなかった．そもそも，いかなる科学的理論が完全たり得るというのだろうか？　それは我々が究極の理論に近づきつつあり，もはやこれ以上，見つけることなど何もなく，探求する必要もないと決めてかかるものだ．なんと恐ろしい考えだろう！　しかし有史以来，とりわけ20世紀末には，この可能性を信じていた人たちがいた [a)]．ノーベル物理学賞受賞者のスティーヴン・ワインバーグの本のタイトル『究極理論への夢』（*Dreams of Final Theory*）がすべてを物語っている [73]．現在でも，究極の理論（theory of everything）について —— その略語 TOE はささやかな自嘲の意を含んでいるように思われるが —— 真剣に語る者もいる．明らかに，私たちが現在手にしている理論は究極の理論ではないし，またそのように考えるのは妄想に過ぎない．

状況が変わり始めたのは，1990年代に入ってからである．新しい世代の物理学者たちの努力と，理論計算機科学との相乗効果により，興味深く魅力的な物語が紡がれてきたのだ [11,75].

非局所性をどう「測る」か

量子非局所性の存在が確固たるものになって以来，物理学者たちはそれを使って何ができるかと考えを巡らし始めた．生真面目な人にとってはとても厄介に感じられることでも，彼らはそれをあれこれいじって遊ぶのが大好きなのだ．実のところ，子供の玩具であれ科学の概念であれ，新しいものに深く馴染むには，それと心ゆくまで遊ぶしかない．というわけで，誰もが一緒に遊んでもらいたい！　読者は，本書全体がベル・ゲームを中心に展開されていることにお気づきだろう．このゲームのおかげで，私たちは量子物理学，とりわけその最も驚くべき特徴である非局所性の核心に迫ることができたのだ．

---

a) 訳注：歴史を振り返ると，19世紀末，地上の運動と天体の運動を統一的に扱うニュートン力学の成功に加え，それまでの電気や磁気に関する現象を統一的に扱う電磁気学と，蒸気機関などに関する熱とエネルギーの現象を扱う熱力学の理論体系が整備された際に，物理学にはこれ以上の大きな進展はないのではという見解が一部に拡がった．その代表例として知られるのは，マイケルソン（光速度の測定，特に光のエーテルの（非）存在の検証実験をモーリーとともに行い，1907年にノーベル物理学賞を受賞）による「ほとんどの重要な原理は確固として確立したのであり，今後の発展は主としてこれらの原理を新たな現象に厳密に適用することにあると思われる」という1894年の言明である．しかし，その翌年にレントゲンによるX線が，続いてベクレルやキュリー夫人らによって多くの放射線元素が発見され，さらに熱力学と電磁気学から導かれる熱（黒体）輻射の予想と実験結果との齟齬から，1900年にプランクによる革新的なエネルギー量子の考えが提出され，マイケルソンの言葉は現実によって否定されることになった．一方，20世紀末には，原子核を支配する相互作用（「強い力」と「弱い力」）が電磁気による相互作用と理論的に統一されたことから，残された重力を含めた4種類の相互作用全部を統一した「究極」の素粒子理論に到達するのも間近だと考える研究者も少なからずいた．ここで触れられたワインバーグはその一人である．ただし，ワインバーグ自身も，後に書いた量子力学の教科書 [74] では，今日，提示されている色々な量子力学の解釈の中に満足できるものは見当たらないとした上で，「私としては，量子力学が単なる良い近似に過ぎないような，より満足すべき理論を探す可能性を真剣に考慮すべきだと考える」と述べている．

物理学者が取り憑かれているもう1つのことは，それが何であれ対象を数量化すること，つまり重さであればそれを「測る」ことだ．もちろん，非局所性には重さのような性質はないが，それを測ること，つまり2つの非局所性のどちらが「大きい」または「強い」のかを判定できることは大切である．非局所性に関しては，まだ物理学者はこれを測るための良い尺度を見つけられていない．今のところ，非局所性のどの側面を調べるのかに応じて，異なる尺度を使わねばならない [76]．これは，我々がこの概念をまだ十分に理解していないことを示している．

当然ながら，量子もつれの「量」を測る方法を考えることも大事である[b]．これに関しては，1990年以降に大きな進展があった[c]が，それでもなおまだ多くの残された問題があると言わざるを得ない．これは落胆すべきことだろうか？　もちろんそうではない．それは単に，これからも多くの発見が我々を待ち受けていることの顕れに過ぎないのだ．

ベル・ゲームに常に勝つことは可能か？

私たちは量子物理を利用することで，ベル・ゲームに400回のうち平均341回勝つことができる —— これは4回のうち3回をはるかに超える！　すなわち，アリスとボブの装置が局所的に結果を生成するよりも，はるかに多くの割合で勝つことができるのだ．このこと自体が物理学者にはとても興味深いことだったため，彼らは長い間，なぜ400回のうち400回勝つことができないのか，つまり「なぜ自然はベル・ゲームに常に勝つことを許さないのか」という理由について問うことを忘れていた．自然が非局所的にできているならば，どうして完全な非局所性を持っていないのか？　物理のどのような事情が，ベル・ゲームに常に勝つことを妨げているのだろうか？

---

b) 訳注：本書では非局所性（量子相関）と量子もつれとを明確には区別していないが，厳密には両者はやや異なる概念である．非局所性はベル・ゲームに勝つことのできる（局所的な説明ができない）不思議な相関を表すが，量子もつれは局所操作と古典通信では生成することのできない相関（あるいは乱数共有によって生成可能な相関）として定義される．非局所的な相関であれば必然的に量子もつれを伴うが，逆は必ずしも成り立たないことが知られている [77,78]．

c) 訳注：例えば，量子暗号や量子テレポーテーションに活用できる「最大量子もつれ」の抽出など，個々の情報処理の目的に応じた量子もつれ測度の定式化が進んでいる [79,80]．

興味深いことに，この子供っぽい素朴な疑問が最初に採り上げられたのは1990年代になってからのことであり，さらにそれが研究テーマとして認められるようになったのは，今世紀に入ってからである．最近になるまで，我々は「自然は —— あるいは量子物理は —— どのようにして非局所的になり得るのか」を問うことしかしてこなかった．今日では多くの科学専門誌で，量子物理の非局所性よりもずっと一般的な非局所性に関する話題が議論されている．これは，いわば量子物理を外側から眺めることで，つまり量子論の枠組が提供するものよりもはるかに広い状況を扱うことによって，何が量子物理の（非局所性の）限界を定めているのかを探ろうとするものである．

この探求のために物理学者が発明した最初の理論上の「おもちゃ」は，発明者であるサンドゥ・ポペスクとダニエル・ローリッヒにちなんで，PR装置と呼ばれている [20]．PR装置は，今や私たちの友人となったアリスとボブが使用した装置に驚くほど似ているので，読者には馴染みやすいかもしれない．両者の違いは，PR装置の場合にはアリスとボブはベル・ゲームに常に（4回中4回とも）勝つことができるという点だけである．量子物理を利用すれば4回中3回を超えて勝てる量子装置を作ることができるが，PR装置の作り方を知っている者はいないし，もちろん市販されているものを購入することもできない[1)]．しかし，だからと言って物理学者がPR装置で遊ぶのを妨げることはできない．PR装置は，遊びのための想像上のおもちゃ（または道具）なのだ．

PR装置の使いみちについては，2つの例を挙げるに留めておこう．1つ目は，量子相関のシミュレーションである．まず量子物理では，可能な測定の種類は2つどころか無数に存在することを思い出そう（91ページの図5.1を参照）．ベル・ゲームを実行するには2種類の測定だけが必要であり，物理学者は無数にある測定の中から適切な2種類を選んでいた．それでは，測定の種類が無数にあるのならば，非局所性にもそれだけ多様なものがあり得るのだろうか？　詳細は省くが —— いずれにせよ，このことについて知られていることはほとんどない —— もつれた2量子ビット系で実現できる量子相関

1) www.qutools.com〔訳注：量子物理学に基づいて現実に作ることのできる様々な実験器具を販売しているサイト〕．

は，1 対の PR 装置を用いて（通信することなく）完全にシミュレートできることがわかっている [81]．これは驚くべき結果だ．それならば，伝送を伴わない通信を禁止した場合の（2 量子ビット系に限らない）任意の量子相関は，PR 装置または何らかの（単純で基本的な相関を生み出すことのできる）別の装置を用いてシミュレートできるのだろうか —— 謎は残されたままである．

PR 装置の用途の 2 つ目の例は，通信複雑性理論の分野に関するものだ [82]．その目的は，（遠隔地にある計算機を並列して）特定のタスク（計算）を実行するために必要となる通信のビット数を制限することにある．これまでに，量子もつれを利用しても，計算に必要な通信ビット数を減らすことはできないことが知られていた．ところが，もし PR 装置が利用できれば，この数を（計算の入力サイズによらず）たった 1 ビットにまで減らせるのだ！ これはもう，通信複雑性の問題が解けたと宣告したも同然である．抽象的な話だと思うかもしれないが，これは本当に凄いことだ．何十億ビットという通信量が 1 ビットで済むのだから！ 残念ながら，PR 装置は現実には存在しない．逆に，PR 装置が存在しないことで，通信複雑性が自明な問題ではなくなっていると考えたらどうだろう？ 実のところ，これは大多数の情報理論家の見解であり，ちょうど物理学者にとって超光速があり得ないことと同様に，彼らにとって通信複雑性が自明となることはあり得ないと考えている．それでは，このことから量子物理ではベル・ゲームに常に勝つことが許されないという事実が説明されるのだろうか？ そうなのかもしれないが，その答えはまだ完全にはわかっていない．通信複雑性を自明にはしない程度にノイズのある PR 装置で，量子物理で許されるよりも頻繁にベル・ゲームに勝つことができるようなものが存在する可能性も残されている [83]．

さて，この話はここまでにしておこう．複雑な説明で読者を困惑させてしまったかもしれないが，現在進行中の研究における物理研究者としての私の興奮を少しでも共有できていれば幸いである．引き続きこの流れに沿って，いま話題になっている研究テーマを 3 つ紹介しようと思う．すべてを理解できなくても，気にしないでほしい．目的はただ，これまでより少しでも多くのことを理解することにあるのだから．

2 地点以上での非局所性

真のランダム性は，2つの地点に現れることが可能である．それでは，真のランダム性は3つの地点にも，また千の地点にさえも現れ得るのだろうか？ この問いに答えるのは容易ではない．というのも，3つの地点に現れるどのような3体系の量子相関も，その部分を構成する2体系の非局所的なランダム性の組み合わせで説明できるかもしれないからだ．実のところ，今はそのような可能性は否定されており，複数の場所に同時に現れるランダム性によってのみ実現される量子相関が存在することが知られている．そうではあるが，現在もなお，多体系の非局所性の研究には多くの未解決問題が残されている．

特に興味深いのは，いくつかの物理系のペア（例えば，系Aと系B，系Cと系D）がそれぞれにもつれており，さらに量子テレポーテーション（第8章参照）で用いたような結合測定を，それらとは異なるペア（例えば，系Bと系C）に行う場合である．ただし，組み合わせの異なるペア同士は互いに独立なものとする．一般に n 個のペアの物理系の局所性は n 局所性と呼ばれており，その研究は量子もつれの2つの様相，すなわち状態の非分離性と結合測定の可能性の探求を併せた包括的な研究分野となっている [84,85].

いったい何が，どれとどれの物理系をもつれさせることを決めているのだろうか？ 非局所的なランダム性が現れる場所に関する情報は，どこに保存されているのだろうか？ これらの仕事を担う神の使いのような者がいて，必要な情報を格納する（ヒルベルト空間として知られる）巨大な数学的空間[d)]を管理しているのだろうか？ 少なくともこれらの情報は，我々の住む3次元空間には存在しないように思われる．このような素朴な疑問は，その重大性にもかかわらず，これまでほとんど注目されてこなかった．

ここでもう1つ，最近の研究の話題について手短かに触れておこう．それは，量子物理学の数学的な道具を使わずに，非局所性の性質を用いて予言できることは何かという問題である．第4章では，この性質に基づいて複製不

---

d) 訳注：量子力学の数学理論によると，物理系にはヒルベルト空間と呼ばれるベクトル空間が付随し，系の量子状態はそのベクトルで，また物理量は演算子（行列）で表現される．物理系の自由度が増えると，それに応じてヒルベルト空間の次元（時空間の次元ではない！）も指数関数的に増大し，巨大なものになる．

可能定理を完全に証明した．同様に，乱数発生器や量子暗号への応用の基礎についても説明を与えることができる（第7章参照）．さらには，ハイゼンベルクの不確定性関係のある種の特徴を再現することさえできる [86]．しかしその一方で，ベル・ゲームで用いられたような装置の観点のみから，量子テレポーテーションを記述することに関しては成功していない．その難しさは結合測定の理解にある．我々はまだ，量子物理学の数学的枠組によらずしてその本質を捉えることができていないのだ．近年，欧州ではこの研究の重要性が認識され，6カ国の研究者が参加するDIQIPという名の研究プロジェクトが進められている[2]．

「自由意志定理」

さて，局所的な説明の可能性が排除されたからには，非局所的ではあっても決定論的な説明が可能かどうかを問うことは，自然な成り行きと言えるだろう．局所性を救えないならば，せめて決定論だけでも救えないだろうかというわけである．そこでこの節では，決定論的な非局所変数，すなわち測定の結果を完全に決めることのできる（隠れた）変数の可能性について，手短かに触れておくことにしよう．

原理的には，そのような変数は存在してもよさそうに見える．量子論は（測定結果の）確率分布を予言するものであるが，その確率を再現するためには，それらの結果を定める決定論的な変数の統計集団（統計的な混合）を考えればよい．実のところ，学生たちが使っている量子現象をシミュレートする市販のプログラムは，このような考えに基づいて作られているのだ．しかし，その仕組みはどうなっているのだろうか？

（相対性理論によると）空間的に大きく離れた地点に生じた2つの事象の時間順序は，それらを記述する慣性系によって変わり得ることを思い出そう．そのため，考えている決定論的な非局所変数が意味あるものであるためには，それが上で述べたコンピュータ上での量子現象を再現するだけでなく，すべての慣性系で同じ結果を予言しなければならない．そのような変数は共変的

---

2) DIQIPはDevice-Independent Quantum Information Processing（装置非依存型量子情報処理）の略称． www.chistera.eu/projects/diqip.

であると呼ばれる．以下に説明するように，それは現実には不可能であり，共変的で決定論的な非局所変数は存在しない [87]．つまり，決定論そのものの否定が宣告されるのだ！

そのような非局所的で決定論的な変数が存在しないことを示すには，アリスとボブが自由意志を持つことが前提となる．このことから，「もし我々人間が本当に自由意志を持つならば，必然的に電子，光子，原子などの量子的な粒子もまた，自由意志を持つことになる」と主張する研究者もいる．この人目を引くような主張は，英国および米国の数学者のジョン・コンウェイとサイモン・コッヘンによるもので，（宣伝上手な）彼らはこれを「自由意志定理」と呼んだ [88][e)]．

さて証明であるが，今回も背理法を使ってみよう．話は少し込み入っているので，途中でわからなくなってしまったら結論に進んでもらいたい．あらためて，アリスとボブがベル・ゲームをしている状況を想像してみよう．まずは，アリスがボブよりも少しだけ早く操作棒を倒して見える慣性系において，何が起こっているかを考えてみたい．ここで，非局所的な変数 k が存在し，それがアリスとボブの装置で生じる結果を決めているものと仮定する．より詳しく言うと，アリスの結果 a は，変数 k と彼女の選択（操作棒を倒す方向）x に依存して決まることになる．このことを，F_{AB} という関数を用いて，$a = F_{AB}(k, x)$ と表すことにしよう．この慣性系では，ボブが操作棒を倒したときに得られる結果 b は，変数 k と彼の選択 y に加えて，アリスの選択 x にも依存して決まる可能性がある．これは，S_{AB} という関数を用いて

e) 訳注：コンウェイとコッヘンの「自由意志定理」の議論は，この節のものとは —— とりわけ「局所性」を仮定している点において大きく異なる．正確に言えば，彼らの論文では「局所性」，「測定者の自由意志」，「測定値の決定性」の 3 つの仮定が，もつれたスピンを持つ 2 個の粒子を用いて実現可能な実験事実と矛盾することが証明されている．したがって，もし「局所性」と「測定者の自由意志」とを認めるならば，必然的に「測定値の決定性」が否定されることになる．彼らはこの「(粒子の）測定値の非決定性」と「粒子の自由意志」とを同一のものと見て「粒子にも自由意志がある」と表現しているが，当然ながら両者の同一性については議論の余地がある（それを承知での表現だとすれば，彼らはなかなかの宣伝上手ということになる）．なお，この節の議論では「局所性」の代わりに相対性理論との整合性が仮定されており，「局所性」はその整合性から導かれる形になっている．コンウェイとコッヘンの「自由意志定理」論文の内容については [89] を参照．また，この定理の一般向けの解説書に [90] がある．

$b = S_{AB}(k, x, y)$ と表すことができる．ボブの結果がアリスの選択にも依存し得るのは，変数 k が非局所的だからである[3)]．ここで，関数 F_{AB} と S_{AB} の記号は，時系列順にアリス（A）が先（First），ボブ（B）が後（Second）であることを示している．

今度は同じ状況を，ボブがアリスよりも少しだけ早く操作棒を倒して見えるような，別の慣性系から眺めてみよう．例えば，この慣性系はアリスからボブに向かって高速で飛んでいるロケットに設置された系でもよい．この場合，ボブの結果 b は変数 k と彼の選択 y のみに依存して決まるので，$b = F_{BA}(k, y)$ と表される．ところが，アリスの結果は，非局所変数 k と彼女の選択 x に加えて，ボブの選択 y にも依存する可能性があるため，$a = S_{BA}(k, x, y)$ と書かれる．あらためて，記号 F_{BA} と S_{BA} は時系列順にボブが先，アリスが後であることを示している．

しかし，アリスの結果 a の値が，この実験（ゲーム）を記述するのに用いた慣性系の選択で異なることはあり得ない．したがって，$a = F_{AB}(k, x) = S_{BA}(k, x, y)$ が成り立たなければならない．この 2 番目の等号が成立するのは，S_{BA} が実際には y に依存しないときのみであり，これによってアリスの結果はボブの選択には依存し得ないことがわかる．同様にして，ボブの結果もアリスの選択には依存し得ない．ところが，この結果は 1964 年にベルによって定式化された局所性の条件に等しい．つまり，アリスの装置は局所的に結果を生成し，同様にボブの装置も局所的に結果を生成していることになる．そうだとすると，前に見たように，アリスとボブは 4 回中 3 回を超えてベル・ゲームに勝つことはできないはずである．ところが，現実には 4 回のうち 3 回を超えてゲームに勝つことができるから，このことより，決定論的でかつ共変的な変数は，たとえそれが非局所的なものであっても，存在しないことがわかる．

この結果から，残された唯一の可能性は非決定論的で非局所的な変数による説明のみとなる．そしてこれこそが，量子論によってベル・ゲームを（数学的に）記述する方法だということになる．ここで「非決定論的」というの

---

3) 正確に言えば，「変数」には本来，局所や非局所といった区別はないが，この場合，S_{AB} という関数が非局所性（ボブの結果 b がアリスの選択 x に依存する）を持つことから，このように呼んでいる．

は（「非局所的」と同様に）否定的な修飾語であることに注意してほしい．それは，これらの変数が何であるか，また，これらの変数やモデルがどのようにベル・ゲームを記述するかを教えてくれるわけではない．それは単に，決定論的ではあり得ないということを主張しているに過ぎない．また，非決定論的だということは，常識的な意味で確率的だということではない．というのも，それはいくつかの決定論的な事象の混じり合った統計集団では説明がつかないものだからである（この件については，コルベックらやピュージーらの論文に明快な説明が与えられている [91, 92]）．

隠れた影響？

最後に —— またしても否定的なものとなってしまうが —— ごく最近得られた結果についてどうしても述べておきたい．局所性の考え方，つまり物や影響がある地点から別の地点へと飛躍せずに連続的に伝わっていくという考え方は，私たちの中に深く根づいているので，容易に捨て去ることはできない．それゆえ，局所性を救うために，実はまだ21世紀初めの物理学者が見逃している巧妙な方法で，アリスや彼女の装置がボブに影響を与えている可能性があるのではないかと想像したくなる．もちろん最初の選択をするのがボブでも構わないから，ボブがアリスに影響を与えている可能性もある．これらの事象の時系列は慣性系の選択に依存して変わるが，関連するすべての事象の時間順序を最終的に決めるような「選ばれた慣性系」が存在するかもしれない．仮にそのような影響があるにしても，その伝搬速度の下限が実験によって定められていることはすでに見た（第9章参照）．然るに，現在観測されている非局所性は見かけ上のものであり，今日の物理学では特定されていない選ばれた慣性系で定義された凄まじい速度で，アリスとボブの間を点から点へと連続的に伝わる影響があるのではないか？　この仮説によると，影響が到達し得る時間内に観測される相関は量子論の予言と一致するが，影響の伝搬が間に合わない範囲であれば，その相関は（必ずしも量子論の予言とは一致せず）必然的に局所的なものとなるはずだ．当然，ベル・ゲームに勝つこともできなくなる．このような仮説は，アインシュタインの相対性理論の精神を尊重していないけれど，現行の実験による検証とも矛盾しないだろう．つまり，この仮説は，ベル・ゲームに勝つことを許す非局所的な量子相関の場合と同様に，相対性理論と平和的に共存できるのだ．

当初は，そのような仮説に基づく説明の可能性を排除することはできないと思われた．せいぜい，第9章で述べたような実験を行って，この仮想的な影響の伝達速度の下限を定めることしかできないと考えられたからだ．しかし，それよりも賢い方法が見つかったのだ．

光速より速く伝わる影響が存在するならば，光速を超えた通信ができることになるのだろうか？　そのような影響があったとしても，それは永遠に表に出ず隠れたままになっているのかも知れない．この考えはあまり物理的なものとは言えないが，物理学者たちがこれらの仮想的影響を制御できない限り，超光速通信には使えないと考えてもよさそうに見える．

ところが驚くべきことに，この単純な仮説，つまり，これらの影響を制御できない限り超光速通信は不可能だという仮説が，そのような影響そのものが存在し得ないことを証明するに十分であることがわかったのだ．この結果は，本書の執筆中に，私の学生のジョン・ダニエル・ボンキャルとマレーシアからのポスドクのヤン・チェン・リャン，そして元同僚のステファノ・ピロニオ（現在はブリュッセル），アントニオ・アシン（バルセロナ），ヴァレリオ・スカラーニ（シンガポール）の3人とともに得たものである．この成果は10年以上前に始まった冒険的な研究プログラムの到達点であった．これだけの年数が必要だったのだから，内容が少し込み入っていることに驚かないでほしい．ここではその発展をなるべく手短かに要約するつもりだが，面倒ならば結論にまで跳んでもらっても構わない．一言で言えば，任意の有限速度で伝わる影響といった仮説ですら —— たとえその速度が光速を超えたとしても有限なものでさえあれば排除できるということだ．自然は間違いなく非局所的なのである．

超光速の影響という仮説を用いると，アリスとボブのような二者間の実験結果をすべて再現することができる．実際には実験における同期は完璧ではないから，これらの影響が2つの事象間の相関を生み出すには，それが十分に速く伝わるものとしても支障はない．三者が関わる場合には，同様のことが成立するかどうは不明である[4)]．しかし，四者の場合（それぞれをA，B，

4)　本書の執筆後，この問題は解決された [93].

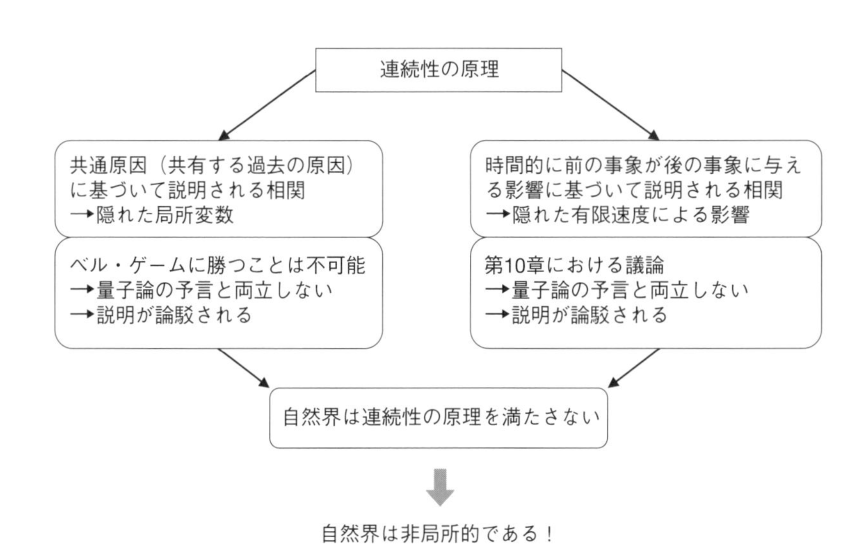

図 10.1 ジョン・ベルの研究プログラム．今日，このプログラムには終止符が打たれることとなった．量子物理の生み出すある種の相関は，局所性に基いて説明することはできない．自然界は非局所的であり，それが伝送を伴わない通信に利用できないようにするために，神はサイコロを振る（本質的な偶然性を生み出す）のである．

C，D と呼ぶ）には，以下のような考察が可能になる．ある選ばれた慣性系において，最初に A が，次に D が，続いてほとんど同時刻に B と C が測定を行うことを考えよう．A による影響は他の三者の測定に伝わり，また，D による影響も B と C の測定に伝わるが，B と C はお互いに影響することができないものとする．この特殊な状況では，ABD 間の相関と ACD 間の相関は，隠れた影響の仮説により，量子論の予言（量子もつれの結果）と一致するが，BC の相関に関しては局所的なものになるはずだ．ところが，あらゆる四者間の相関において，BC が局所的であり，かつ伝送を伴わない通信には使えないという条件の下，我々は非常に驚くべき不等式を発見した [58]．この不等式には，ABD 間と ACD 間の相関のみが含まれている．これら三者の間は，隠れた影響の仮説によってつながっているため，例えば A は D に影響し，D は B に影響することができる．したがって以上の状況においては，有限の速さに基づくどんなモデルも，この不等式に関しては量子論と同じ値を予言するはずである．ところが量子論は我々の不等式を破っているのだ．このことより，有限の速さで伝わる隠れた影響を許すいかなるモデルも，必ず超光速通信を可能にする相関を生み出すという結論が導かれる[f)]．

ここで略述した結果は，あらゆるものは空間を点から点へと伝わるとする「連続性の原理」に基づいて量子相関を説明しようとする，ジョン・ベルの始めた研究プログラムに終止符を打つものである．図 10.1 に，このプログラムをまとめておいた．繰り返しになるが，避けられない結論はこうだ．遠く離れた事象は非連続的な形でつながっている．つまり，自然はまさしく非局所的なのである．

---

f) 訳注：ボンキャルらによって導出された不等式には，本文にあるように，ABD 間と ACD 間の相関のみが含まれており BC 間の相関は含まれない．それゆえ，たとえ未知の影響の伝搬速度を知らなくとも，検証実験における BC 間の（相互に影響が伝わらない時間内に測定しなければならないという）同期の問題を回避することができる．このことより，現行の測定技術でも超光速通信ができるという結論が導かれる．

11

結　論

いよいよ本書も終わりに近づいてきた．はじめに注意したように，あなたはすべてを理解できたわけではないだろう．実のところ，誰一人として量子物理が非局所的である理由を知らないのだ．それでも，自然界は決定論的でなく純粋な創造行為を成せることは理解したことだろう．言い換えれば，自然界は本質的に偶然的な事象を生み出すことができるのだ．重要な点は，これらの事象は逃れようのない偶然なものであって，測定をする前から隠れて存在しているような代物ではないということである．このことを了解すれば，通信に利用できないような形で，このランダム性が複数の場所に同時に現れることを妨げるものは何もないことにも合点がいく．

これらの場所に置かれたものは，何でもよいというわけではなく，あらかじめ量子的にもつれさせておく必要がある．量子もつれは光子や電子などの量子的な物体が担っており，これらの物体は光速またはそれ以下の有限の速さでしか伝送されない．この意味において，距離や空間といった概念は ―― たとえ，非局所的なランダム性がどれほど離れた二地点間に生じるとしても ―― 今日もなお有意義なのである．

本書で私は，非局所的な相関は何らかの形で時空の外側から生じているように見えると述べてきた．というのも，時間の経過とともに空間中に生じる出来事のいかなる物語も，自然界が生み出すそのような相関を説明できないからだ．事実上，物事や事象が互いに影響を及ぼしたり，動き回ったり，そしてそれらが点から点へと連続的に伝わるという常識的な物語では，非局所的な相関の出現を説明することができない．それでは，物理学者は自然界を理解するという努力を一切，放棄しなければならないのだろうか？　私はいつも，多くの物理学者がこの問題にさほど関心を寄せていないらしいことに驚かされる．彼らは，必要な計算ができることで満足しているようだ．このような物理学者たちは，コンピュータが自然を理解しているとでも考えているのだろうか？

しかしながら，科学の特徴は，常により良き説明を探求し続けることにあるのだ．

量子物理学が出現するまでは，科学において予言され観測されるあらゆる相関は，隣接する点から点へと伝わる因果の連鎖によって，つまり局所的な論拠に基づいて説明することができた．そのような量子以前の説明は，決定論に基づくものであった．すべての事象は，原理的には初期条件によって決定されるものとしていたのである．現実には，これらの決定論的な因果の連鎖を事細かに追いかけるのは不可能であったとしても，物理学者がその連鎖の存在を疑うことは決してなかった．しかし量子物理学は，非局所的な相関に関する新たな良い説明を作り上げることを私たちに強く求めている．

それでは，いったいどのようにすればこの非局所性を説明できるのだろうか？　量子論以前にあった概念の道具でこれを行うのは不可能だろうから，必然的に使うべき道具箱を拡充しなければならない．その1つの方法は，量子的にもつれた物体の生み出す非局所的なランダム性について語ることである．

第10章で説明したPR装置のような概念上の（2つの）サイコロを想像してほしい．アリスとボブの各々がサイコロを「投げる」と，両者ともにランダムな結果を得る．この非局所的なサイコロを投げるのは，アリスとボブの測定選択に対応し，したがって（左右に倒すことのできる）操作棒を倒すことによって成される．やや形式ばって言うと，このランダムな結果の生成過程は，アリスの選択xとボブの選択y（それぞれの操作棒を倒す方向の選択）によって始動する．そしてそれぞれの出力結果aとbはランダムではあるが，$a+b=x\times y$の関係で表されるベル・ゲームの相関に有利に働くように，何らかの形でお互いに「関係する」（または「惹き合う」）ことが保証されている．もしこの種の説明を受け容れられるならば，あらゆる質量 —— とりわけすべての人間 —— が地球に引き寄せられるという万有引力を理解するのと同じように，非局所性を理解することができよう．もちろん，万有引力の代わりに，おなじみの冷蔵庫に付いたマグネットを考えてもよい．もしいつの日か量子暗号が身近なものになれば，私たちは子供たちにこう説明するこ

とができるだろう ——「非局所性は量子暗号で起きていることと同じなんだよ．アリスがボブに鍵を送るのでもなく，ボブがアリスに鍵を送るのでもない．遠く離れたアリスとボブであっても一緒に秘密の鍵を作ることができて，その鍵は彼らのところに同時に現れるだろう？　あれと同じなのさ．」

量子物理学に現れる相関の説明は，このような非局所的なランダム性に基づくものしかないのだろうか？　一部の人たちは，過去にさかのぼる後方因果関係を語ることを好む．つまり，アリスの選択が時間を逆行して量子もつれの元（リソース）に作用し，それが時間を順行してボブの量子系に作用すると考えるのである．この後方因果関係の下では，時間を逆行する，すなわち過去に影響を及ぼすことが可能となる．それは確かに空間の点から点へと連続的に伝わる作用ではあるが，過去に向かうものである．個人的には，非局所性が —— 相対性理論がそうであったように —— 我々の慣れ親しんだ時間という概念に困難をもたらすことを私は疑わないが，それでも時系列を逆にして時間をさかのぼる因果関係を想定するのは，大胆に過ぎるように思う．

この方法に触れたのは，今日行われている研究の一端を示すために過ぎない．読者は私のお気に入りの説明が，どれほど遠く離れていても複数の場所に一度に出現することのできる非局所的なランダム性の考えにあることを知っているだろう．もちろん，今後，私を驚かせるような事実が明らかになり，未来の世代がまったく異なる説明を採用することだってあるだろう．しかし，1つだけ確かなことがある．それは，私たちはいつの日にか「非局所性」を理解することになるということである．物理学者は，自然界を理解するという偉大な仕事を決して放棄することはない．非局所性もその例外ではない．

非局所的なランダム性は，私たちが自然界を理解するために何世紀にもわたって蓄積してきた他のすべての道具とともに，私たちの概念的な道具箱に入れられるべき新しい説明の様式なのである．これは正真正銘の概念的革命と言えよう！　量子論が非局所相関の存在を予言している以上，我々はそれを正面から受け容れて，この種の新しい説明を自分のものにするしかないのだ．

量子の非局所性が物理学の主要な概念として受け容れられるのには，長い時間を要した．現在もなお，多くの物理学者が「非局所性」という表現に拒絶反応を示している[1]．ところが，アインシュタインやシュレーディンガーらは1935年という早い時期から，この非局所性こそが量子論の最大の特徴だと主張していたのである．いまだに疑念を持っている物理学者たちは，どうやら「量子的な非局所性は通信には使えない」という事実を理解していないようだ．何ひとつとしてアリスからボブへも，ボブからアリスへも伝わることはない．ただ単に，ランダムな事象が局所的には説明のつかない形で――すなわち非局所的に複数の場所で出現しているに過ぎない．アリスとボブの間に（物理的な）相互作用はないため，アインシュタインが「非局所的な作用」と述べたのは誤りであった．しかし彼が量子論のこの側面の重要性を強調したことは，まったく正しかったのだ．実際，非局所性こそが，量子物理学と古典物理学とを最も明瞭に区別する特徴なのである．現在，対象とする物理系が量子系であることを確認するためには，その系において非局所的な相関――つまり，ベル・ゲームに勝つことができる相関を生成できることを示す必要がある．今日では，ベル不等式の破れを示すことが，まさに量子の世界の証になっているのだ．

それにもかかわらず，このような非局所性は，今なお私たちの直感に深刻な打撃を与えている．現在，開発が進んでいる量子技術は，いつの日か量子物理学や非局所性に対する直感的な理解をもたらすのだろうか？　私はそうなると信じている．まずは，古めかしい「量子力学」という言葉を止めて，代わりに「量子物理学」と呼ぶことから始めるのもよいだろう．事実，この特

---

1) ここ20年で状況は大きく変わってきた．量子情報科学の勃興と固体物理学の巨大な研究者コミュニティの方針転換によって，「非局所性」，「非局所相関」，「真のランダム性」や「ベル不等式」といった，20年前にはほとんど禁句であったような言葉が盛んに使われるようになった．しかし，まだそれを認めようとしない高エネルギー物理学という大きなコミュニティもある．この分野の物理学者たちは，物理学の基礎問題を扱っているのは自分たちのみであり，他の物理学の分野は単に飾り立てた工学に過ぎないと考えているかのようだ．20世紀には職業的な物理学者の数が大幅に増えたが，この物理学コミュニティの社会学については，また稿を改めて書かなければならないだろう．〔訳注：最近では，ベル不等式の高エネルギー実験による検証や素粒子原子核反応の数値実験への量子計算の応用，また宇宙論における量子もつれの役割などが議論されつつあり，これらを通して高エネルギー物理学のコミュニティの認識も以前に比べて変化し，「非局所性」の概念に対しても徐々に理解が進んできている．このような物理学コミュニティの社会学は，科学の進歩の道筋を考察する観点から，興味深い研究課題だと思われる．〕

定の物理分野には，力学的なもの[a]は何もないのだから！

ここでいま一度，要点を整理しておこう．私たちは，非局所相関と真のランダム性の存在とが密接に関わっていることを見た．真のランダム性がなければ，必然的に非局所相関は伝送を伴わない通信（したがって任意の速度での通信）を可能にしてしまう．そのため，本書の基本的な立場から，必然的に真のランダム性が導かれ，ここに決定論の終焉が宣言されることになる．逆に言えば，ひとたび真のランダム性を受け容れさえすれば，非局所相関の存在は，確固たる決定論に基づく古典物理学が我々に信じ込ませようとするほどには，狂気を帯びたものには見えなくなくなるだろう．実際，もし自然界が現実に真の偶然による事象を生み出せるのならば，どうして自然界で観測される相関が局所的なものに限定される必要があろうか？

非局所性が形而上学 —— 現代物理学の示唆する自然像 —— に与える影響は，計り知れないものがある．ヨーロッパにおいて原子論的な考えが主流になるのには，何世紀もの年月を必要とした．それは，目には見えない小さなビーズのような，膨大な数の原子からなる自然像であり，それが様々な形で組み合わさって，私たちの知るすべての物体を構成している．原子の不規則な運動は熱としての感知され，産業革命をもたらした蒸気エンジンのエネルギーを供給する．一方で当時の中国では，このような自然像は知識人の間であまり支持されなかったようだ．彼らは，原子と原子の間に空洞があると感覚や知覚が妨げられ，見ることも聞くこともできなくなってしまうと考えていた [94]．古代中国の形而上学では，遠隔作用はまったく自然なことであり，すべてのものを関連づける普遍的な調和を成すものだと考えていたらしい．量子物理学は，そのような全体論的な自然像を支持しない．量子物理学では，すべてが互いにもつれるのではなく，少数の稀な事象同士が非局所的に相関するのだ．繰り返し強調するが，こちら側が起因となってあちら側に作用を引き起こすようなことはない．量子もつれは，その効果が複数の地点に現れる「確率的原因」の一種であり，遠隔地間の通信を可能にするもので

---

a) 訳注：近代以降の力学（mechanics）は物体の運動を記述することを目的とした学問であり，それゆえ機械論的（mechanical）な要素を帯びた概念であるが，この機械論は決定論的な因果関係に基づいてすべてを説明しようとする立場であり，当然ながら，量子世界の物理現象とは相容れない．

はない．量子もつれは，ある種の問いかけに対して何がしかの相関した応答を生成するために，物体の生来の傾向性を定めるものである．これらの応答は事前に決まっているものではなく，物体の状態に書き込まれているわけでもない．物体の状態に書き込まれている情報は，何がしかの（相関した）結果を生み出す傾向性に過ぎない．

個人的には，量子的な物体が，物理的に問いかけられるすべての質問に対する答えを内包しておらず，それらの答えを生成する傾向性のみを持つという考え方は，さほど突飛なことではないと考えている．世界が決定論的ではないという考えを受け容れるのも，難しいことだとは思わない．それどころか，宇宙開闢以来，あらゆることが完全に決められている世界よりも，確たる法則に従う傾向性や偶然の出来事に満ちた世界の方が，私の目にはずっと面白く映る．

しかし，この世界にはまだまだ学ぶべきことがたくさんあることは間違いない．特に，私たちはまだこの非局所性がアインシュタインの相対性理論とどのように両立するかをしっかりと理解していない．その数理的構造の全体像や，情報処理への応用が可能な範囲もわかっていない．さらに，おそらく最も驚くべきことに，非局所性の限界についてすら理解していないのだ．いったいなぜ量子物理学は，より大きな非局所性を許さないのだろうか？

この最後の疑問は，現在の我々がアインシュタインやシュレーディンガー，そしてベルの時代からどれほど進歩したかを示すものになっている．当時の疑問は，「量子論が予言する非局所相関は本当に存在するのか？」であった．今日その存在を疑う物理学者はいないだろう．現在の課題は，非局所性を相対性理論に組み込むことと，非局所性の限界について理解することにある．このためには量子論の外側から量子非局所性を研究することが必要になる[b]．そして今，我々はこの課題に取り組んでいるところである．

---

b) 訳注：量子論を包含する広い理論体系を考えることで，量子物理学を外側から理解しようとする試みとしては，確率モデルを一般的に扱うことのできる一般確率論（general probabilistic theories）が想定されることが多い．外側から対象を調べることは，「日本」という国を研究するためには，国内に留まるよりも一度世界に出てみた方が，客観的に日本を理解できることに喩えられるだろう（ [95] を参照）．

参考文献

[1] B. G. Christensen, K. T. McCusker, J. B. Altepeter, B. Calkins, T. Gerrits, A. E. Lita, A. Miller, L. K. Shalm, Y. Zhang, S. W. Nam, N. Brunner, C. C. W. Lim, N. Gisin, P. G. Kwiat, *Detection-loophole-free test of quantum nonlocality, and applications*, Phys. Rev. Lett. **111**, 130406 (2013).

[2] M. Giustina, A. Mech, S. Ramelow, B. Wittmann, J. Kofler, J. Beyer, A. Lita, B. Calkins, T. Gerrits, S. W. Nam, R. Ursin, A. Zeilinger, *Bell violation using entangled photons without the fair-sampling assumption*, Nature **497**, 227 (2013).

[3] B. Hensen, H. Bernien, A. Dréau, *et al.*, *Loophole-free Bell inequality violation using electron spins separated by 1.3 kilometres*, Nature **526**, 682 (2015).

[4] L. K. Shalm, *et al.*, *Strong Loophole-Free Test of Local Realism*, Phys. Rev. Lett. **115**, 250402 (2015).

[5] M. Giustina, *et al.*, *Significant-Loophole-Free Test of Bell's Theorem with Entangled Photons*, Phys. Rev. Lett. **115**, 250401 (2015).

[6] M.-O. Renou, *et al.*, *Genuine Quantum Nonlocality in the Triangle Network*, Phys. Rev. Lett. **123**, 140401(2019).

[7] A. Aspect, *John Bell and the second quantum revolution*, foreword of J. Bell: *Speakable and Unspeakable in Quantum Mechanics: Collected Papers on Quantum Philosophy*, Cambridge University Press (2004).

[8] J. Dowling and G. Milburn, *Quantum technology: the second quantum revolution*, Philosophical Transactions of the Royal Society of London. Series A: Mathematical, Physical and Engineering Sciences 361, **1809**, 1655 - 1674 (2003).

[9] E. Schrödinger, *Are there quantum jumps?* British Journal for the Philosophy of Sciences, Vol. III, p. 240.

[10] B. Cohen, R. E. Schofield (Eds), *Isaac Newton Papers and Letters on Natural Philosophy and Related Documents* (Harvard University Press, 1958).

[11] L. Gilder, *The Age of Entanglement. When Quantum Physics Was Reborn* (Alfred A. Knopf, 2008).

[12] J. S. Bell, *Speakable and Unspeakable in Quantum Mechanics* (Cambridge University Press, 1987), p. 152.

[13] J. F. Clauser, M. A. Horne, A. Shimony, R. A. Holt, *Proposed experiment to*

test local hidden-variable theories, Phys. Rev. Lett. **23**, 880 (1969).

[14] G. Boole, *The Laws of Thoughts* (Dover, 1854).

[15] C. Clausen, I. Usmani, F. Bussières, N. Sangouard, M. Afzelius, H. de Riedmatten, and N. Gisin, *Quantum storage of photonic entanglement in a crystal*, Nature **469**, 508–511 (2011).

[16] N. Gisin, *Propensities in a non-deterministic physics*, Synthese **89**, 287-297 (1991).

[17] N. Gisin, *A possible definition of a Realistic Physics Theory*, Int. J. Quantum Inf. **1**, 18-24 (2015).

[18] A. M. Ferrenberg, D. P. Landau, Y. J. Wong, *Monte Carlo simulations: Hidden errors from "good" random number generators*, Phys. Rev. Lett. **69**, 3382 (1992).

[19] G. Ossola, A. D. Sokal, *Systematic errors due to linear congruential random-number generators with the Swendsen–Wang algorithm: A warning*, Phys. Rev. E **70**, 027701 (2004).

[20] S. Popescu, D. Rohrlich, *Nonlocality as an axiom*, Found. Phys. **24**, 379 (1994).

[21] E. P. Wigner, *The probability of the existence of a self-reproducing unit.* In: *The Logic of Personal Knowledge: Essays Presented to Michael Polanyi on his Seventieth Birthday* (Routledge and Kegan Paul, 1961). あるいは，以下の文献に転載：E. P. Wigner, *Symmetries and Reflections* (Indiana University Press, 1967); *The Collected Works of Eugene Paul Wigner* (Springer-Verlag, 1997), Part A, Vol. III.

[22] N. Gisin, *Quantum cloning without signalling*, Phys. Lett. A **242**, 1-3 (1998).

[23] M. Ozawa, *Universally valid reformulation of the Heisenberg uncertainty principle on noise and disturbance in measurement*, Phys. Rev. A **67**, 042105 (2003).

[24] C. Branciard, *Error-tradeoff and error-disturbance relations for incompatible quantum measurements*, Proc. Natl. Acad. Sci. USA **110**, 6742-6747 (2013).

[25] C. Simon, G. Weihs, A. Zeilinger, *Quantum cloning and signaling*, Acta Phys. Slov. **49**, 755-760 (1999).

[26] B. M. Terhal, A. C. Doherty, D. Schwab, *Local hidden variable theories for quantum states*, Phys. Rev. Lett. **90**, 157903 (2003).

[27] E. Schrödinger, *Discussion of probability relations between separated systems*, Proceedings of the Cambridge Philosophical Society **31**, 555-563 (1935).

[28] V. Scarani, *Quantum Physics, A First Encounter* (Oxford Univ. Press, 2006).

[29] A. Rae, *Quantum Physics. Illusion or Reality?* (Cambridge University Press, 1986); S. Ortoli, J. P. Pharabod, *Le cantique des quantiques* (La Découverte, 1985).

[30] L. Gilder, *The Age of Entanglement* (Alfred A. Knopf, 2008).

[31] A. Einstein, B. Podolsky, N. Rosen, *Can Quantum-Mechanical Description of*

Physical Reality be Considered Complete?, Phys. Rev. **47**, 777 (1935).〔和訳は湯川秀樹監修『アインシュタイン選集１』共立出版（1971）に収められている〕

[32] N. Bohr, *Can Quantum-Mechanical Description of Physical Reality be Considered Complete?*, Phys. Rev. **48**, 696 (1935).〔和訳は山本義隆編訳『ニールス・ボーア論文集１：因果性と相補性』岩波書店（1999）に収められている〕

[33] A. Shimony, *Controllable and uncontrollable non-locality*, in *Foundations of Quantum Mechanics in the Light of New Technology*, eds. by S. Kamefuchi et al., (Physical Society of Japan, Tokyo, 1984).

[34] A. Shimony, *Unfinished work: a bequest*, in *Quantum Reality, Relativistic Causality, and Closing the Epistemic Circle*, eds. by W. C. Myrvold and J. Christian (Springer, Berlin, 2009).

[35] D. Mermin, *Could Feynman Have Said This?*, Phys. Today **57**, 5, 10 (2004).

[36] D. Kaiser, *Shut up and calculate!*, Nature, **505**, 153 (2014).

[37] A. Ortu, A. Holzäpfel, J. Etesse, *et al.*, *Storage of photonic time-bin qubits for up to 20 ms in a rare-earth doped crystal*, npj Quantum Inf. **8**, 29 (2022).

[38] W. Tittel, G. Weihs, *Photonic Entanglement for Fundamental Tests and Quantum Communication*, Quantum Inf. Comput. **1**, 3-56 (2001).

[39] W. Tittel, J. Brendel, H. Zbinden, N. Gisin, *Violation of Bell inequalities by photons more than* 10 km *apart*, Phys. Rev. Lett. **81**, 3563–3566 (1998).

[40] S. Pironio, *et al.*, *Random numbers certified by Bell's theorem*, Nature **464**, 1021-1024 (2010).

[41] N. Gisin, G. Ribordy, W. Tittel, H. Zbinden, *Quantum cryptography*, Rev. Mod. Phys. **74**, 145-195 (2002).

[42] V. Scarani, H. Bechmann-Pasquinucci, N. Cerf, M. Dusek, N. Lukenhaus, M. Peev, *The security of practical quantum key distribution*, Rev. Mod. Phys. **81**, 1301 (2009).

[43] C. H. Bennett, G. Brassard, C. Crepeau, R. Jozsa, A. Peres, W. K. Woottters, *Teleporting an unknown quantum state via dual classical and Einstein-Podolsky-Rosen channels*, Phys. Rev. Lett. **70**, 1895-1899 (1993).

[44] I. Marcikic, H. de Riedmatten, W. Tittel, H. Zbinden, N. Gisin, *Long-distance teleportation of qubits at telecommunication wavelengths*, Nature **421**, 509-513 (2003).

[45] M. A. Rowe, *et al.*, *Experimental violation of Bell's inequalities with efficient detection*, **149**, 791-794 (2001).

[46] D. N. Matsukevich, *et al.*, *Bell inequality violation with two remote atomic qubits*, Phys. Rev. Lett. **100**, 150404 (2008).

[47] A. Aspect, J. Dalibard, G. Roger, *Experimental test of Bell's inequalities using time-varying analyzers*, Phys. Rev. Lett. **49**, 91-94 (1982).

[48] G. Weihs, T. Jenneswein, C. Simon, H. Weinfurter, A. Zeilinger, *Violation of*

Bell's inequality under strict Einstein locality conditions, Phys. Rev. Lett. **81**, 5039 (1998).

[49] W. Tittel, J. Brendel, N. Gisin, H. Zbinden, *Long-distance Bell-type tests using energy–time entangled photons*, Phys. Rev. A **59**, 4150 (1999).

[50] N. Gisin, H. Zbinden, *Bell inequality and the locality loophole. Active versus passive switches*, Phys. Lett. A **264**, 103-107 (1999).

[51] P. C. W. Davies, J. R. Brown (Eds), *The Ghost in the Atom* (Cambridge University Press, 1986), p. 48-50.

[52] C. Lineweaver, *et al.*, *The dipole observed in the COBE DMR 4 year data*, Astrophys. J. **38**, 470 (1996); http://pdg.lbl.gov.

[53] D. Salart, A. Baas, C. Branciard, N. Gisin, H. Zbinden, *Testing the speed of "spooky action at a distance"*, Nature **454**, 861-864 (2008).

[54] B. Cocciaro, S. Faetti, L. Fronzoni, *A lower bound for the velocity of quantum communications in the preferred frame*, Phys. Lett. A **375**, 379-384 (2011).

[55] D. Bohm, *A suggested interpretation of the quantum theory in terms of 'hidden' variables*, Phys. Rev. **85**, 2 (1952).

[56] D. Bohm, B. J. Hiley, *The Undivided Universe* (Routledge, London and NY, 1993) (ペーパーバック版の 347 ページ).

[57] V. Scarani, N. Gisin, *Superluminal hidden communication as the underlying mechanism for quantum correlations: constraining models*, Brazilian Journal of Physics **35**, 328-332 (2005)

[58] J. D. Bancal, S. Pironio, A. Acin, Y. C. Liang, V. Scarani, N. Gisin, *Quantum nonlocality based on finite-speed causal influences leads to superluminal signaling*, Nature Physics **8**, 867 (2012).

[59] A. Suarez, V. Scarani, *Does entanglement depend on the timing of the impacts at the beam-splitters?*, Phys. Lett. A **232**, 9 (1997).

[60] A. Stefanov, H. Zbinden, N. Gisin, A. Suarez, *Quantum correlation with moving beamsplitters in relativistic configuration*, Pramana (Journal of Physics) **53**, 1-8 (1999).

[61] N. Gisin, V. Scarani, W. Tittel, H. Zbinden, *Quantum nonlocality: From EPR-Bell tests towards experiments with moving observers*, Annalen der Physik **9**, 831-842 (2000).

[62] J. Bell, *Free Variables and Local Causality*, *Epistemological Lett.* **15**, 79 (1977), reproduced in "J. S Bell, *On the Foundations of Quantum Mechanics* (World Scientific, 2001), pp. 84-87.

[63] P.-S. Laplace, *Essai philosophique sur les probabilités* (Mme. Ve. Courcier, 1814).

[64] N, Gisin, *Non-realism: Deep thought or a soft option?*, Foundations of Physics **42**, 80-85 (2012).

[65] J. D. Franson, *Bell's theorem and delayed determinism*, Phys. Rev. D **31**, 2529-2532 (1985).

[66] R. Penrose, *On gravity's role in quantum state reduction*, General Relativity and Gravitation **28**, 581-600 (1996).

[67] L. Diosi, *A universal master equation for the gravitational violation of the quantum mechanics*, Phys. Lett. A **120**, 377 (1987).

[68] S. Adler, *Comments on proposed gravitational modifications of Schrödinger dynamics and their experimental implications*, J. Phys. A **40**, 755-763 (2007).

[69] D. Salart, A. Baas, J. A. W. Van Houwelingen, N. Gisin, H. Zbinden, *Spacelike separation in a Bell test assuming gravitationally induced collapses*, Phys. Rev. Lett. **100**, 220404 (2008).

[70] L. Diósi, *Classical-quantum coexistence. A free will test*, J. Phys. Conf. ser. **361**, 012028 (2012).

[71] N. Gisin, *L'épidémie du multivers* in *Le plus grand des hasards* (Surprises quantiques, Belin 2010). ed. by J. F. Dars, A. Papillaut.

[72] A. Ekert, *Quantum cryptography based on Bell's theorem*, Phys. Rev. Lett. **67**, 661-663 (1991).

[73] S. Weinberg, *Dreams of a Final Theory: The Scientist's Search for the Ultimate Laws of Nature* (Vintage, 1994) 〔『究極理論への夢 —— 自然界の最終法則を求めて』小尾信弥, 加藤正昭訳, ダイヤモンド社〕.

[74] S. Weinberg, *Lectures on Quantum Mechanics*, 2nd ed. (Cambridge Univ. Press, 2015)〔『ワインバーグ 量子力学講義 上』 岡村 浩訳, ちくま学芸文庫〕.

[75] F. Rothen, *Le monde quantique, si proche et si étrange* (Presses polytechniques and universitaires romandes, 2012).

[76] A. Méthot, V. Scarani, *An anomaly of non-locality*, Quantum Information and Computation **7**, 157-170 (2007).

[77] R. Werner, *Quantum states with Einstein-Podolsky-Rosen correlations admitting a hidden variable model*, Phys. Rev. A **40**, 4277 (1989).

[78] J. Barrett, *Nonsequential positiveoperator-valued measurements on entangled mixed states do not always violate a Bell inequality*, Phys. Rev. A **65**, 042302 (2002).

[79] R. Horodecki, *et al.*, *Quantum Entanglement*, Rev. Mod. Phys. **81**, 865 (2009).

[80] M. B. Plenio, S. Virmani, *An introduction to entanglement measures*, Quant. Inf. Comput. **7**, 1 (2007).

[81] N. J. Cerf, N, Gisin, S. Massar, S. Popescu, *Simulating maximal quantum entanglement without communication*, Phys. Rev. Lett. **94**, 220403 (2005).

[82] G. Brassard, *Quantum communication complexity*, Foundations of Physics **33**, 1593-1616 (2003).

[83] G. Brassard, H. Buhrman, *et al.*, *Limit on nonlocality in any world in which*

communication complexity is not trivial, Phys. Rev. Lett. **96**, 250401 (2006).

[84] C. Branciard, N. Gisin, S. Pironio, *Characterizing the nonlocal correlations created via entanglement swapping*, Phys. Rev. Lett. **104**, 170401 (2010).

[85] C. Branciard, D. Rosset, N. Gisin, S. Pironio, *Bilocal versus non-bilocal correlations in entanglement swapping experiments*, Phys. Rev. A **85**, 032119 (2012).

[86] V. Scarani, N. Gisin, N, N. Brunner, L. Masanes, S. Pino, A. Acin, *Secrecy extraction from no-signalling correlations*, Phys. Rev. A **74**, 042339 (2006).

[87] N. Gisin, *Impossibility of covariant deterministic nonlocal hidden variable extensions of quantum theory*, Phys. Rev. A **83**, 020102 (2011).

[88] J. H. Conway, S. Kochen, *The free will theorem*, Found. Phys. **36**, 1441-1473 (2006).

[89] 筒井泉, 量子物理と自由意志定理（現代思想, 2021 年 8 月号, 青土社）.

[90] 筒井泉,『量子力学の反常識と素粒子の自由意志』（岩波科学ライブラリー, 岩波書店, 2011）.

[91] R. Colbeck, R. Renner, *No extension of quantum theory can have improved predictive power*, Nature Communications **2**, 411 (2011).

[92] M. F. Pusey, J. Barrett, T. Rudolph, *The quantum state cannot be interpreted statistically*, Nature Physics **8**, 476-479 (2012).

[93] T. J. Barnea, J. D. Bancal, Y. C. Liang, N. Gisin, *Tripartite quantum state violating the hidden-influence constraint*, Phys. Rev. A **88**, 022123 (2013).

[94] J. Needham, *Science in Traditional China* (Harvard University Press, 1981).

[95] 木村元, 情報から生まれる量子力学（日経サイエンス, 2013 年 7 月号).

[96] C. H. Bennett, G. Brassard, *Quantum cryptography: Public key distribution and coin tossing*, Theor. Comput. Sci. **560**, 7-11(2014).

訳者解説

木村元，筒井泉

はじめに

良書には哲学がある．本書も例外ではない．著者のジザンは，この本の中で量子相関を理解する手段として**非局所的なランダム性**，すなわち，空間的に離れた領域において同期した事象が真の偶然によって生じるという自然観を提示している．

空間を跳び越えて伝わる非局所性は，ニュートンやアインシュタインら多くの偉大な科学者たちが忌み嫌ったように，科学の成立のためには受け容れ難いものであった．実際，仮に世界が非局所的に創られているとしたら，我々の知り得ないはるかな遠隔地で起きたことに眼前の事象が左右されてしまい，たとえ秩序や法則が存在したとしてもそれらを見出すことができなくなりかねない．事象の因果的な連鎖を，空間をたどりながら追いかけていくことが困難になるからである．しかしながら，現代物理学の柱の 1 つである相対性理論によると，情報や物理的影響は光速を超えて伝わることはないとされ，この世界は有難くも「局所的に創られている」ものと考えられてきた．

ところが，量子物理学の世界には量子もつれ（エンタングルメント）によって生成される相関が存在し，それは局所的な説明ができない代物なのだ．この一見，矛盾とも思われる状況を絶妙な均衡の下に解決するために，著者は**非局所性**を自然界の基本的性質として認め，その代わりに**真の偶然**に支配された現象を認める必要性を説くのである．言い換えれば，非決定論の世界観を認めさえすれば，遠隔地に同期して現れる非局所性は決して受け容れられない奇妙な現象ではないということだ．事実，量子もつれを通信に利用できないことは情報通信禁止則（第 2 章の脚注 8 参照）として確立されており，その意味では量子論と相対性理論は平和的に共存していると言える（第 5 章の訳注 j 参照)．したがって，ジザンの考えは決して奇抜なものではなく，多くの研究者も —— 少なくとも実証主義的な観点からは —— 受容できる自然な考えである．しかし，非局所性とランダム性の重要性をことさら強調し，その整合性や帰結を詳細に論じている点に，ジザン固有の世界観が表れている．

このように本書は，量子の非局所相関という現象の基礎や応用の良き解説書でありながら，新たな自然観から科学の在り方にまで踏み込む科学哲学書ともなっている．量子の非局所性は，これまでにも量子論の観測問題や解釈問題を中心に，認識論や存在論など様々な立場から論じられ，科学哲学の現代的なテーマとなってきた．しかし，アインシュタインやベルを含め，その議論の多くはいわゆる「局所実在論」や「局所的隠れた変数理論」をベースとしたものであり，本書におけるジザンの解説とは筋道が異なっている[1)]．そこで，以下に本書を補完するものとして，より標準的な観点から EPR パラドックスやベル定理の解説を与えることにしよう[2)]．特にこの中で，ベルの局所性に関する条件を詳しく吟味し，それを通して標準的な議論とジザンの議論がどのように関連するかを明らかにする．この点の考察は新しいものであり，それゆえ本解説はささやかな小論文の趣も呈している．

ともかく，まずは歴史の起点となった EPR パラドックスの話から始めることにしよう．

EPR パラドックス

かつてアインシュタインは，友人のパイスに「自分が見ていないときには，月はそこにないと本当に信じることができるかい？」と尋ねた [3]．多くの読者は，たとえ今見ていなくとも，月はどこかに存在していると信じているのではないだろうか？　より哲学的な言い方をするのであれば，月そのものは

1) 第 9 章の節「実在性」に述べられているように，ジザンは「(非) 実在性」の概念が曖昧だと考えており，そのため本書でも「局所実在論」という用語を用いていない．また，彼はベルの定理を「局所性」と「実在性」の二項対立の観点から論じることには反対の立場を取っている [1]．

2) 本解説はベル定理の入門として独立に読むことができる．本解説は厳密性を重視するため数式を用いることもあるが，面倒であれば数式を跳ばして読み進めてもよい．なお，ベル定理の一般向けの日本語の解説として拙著 [2] を挙げておく．

実在し，それは観測（測定）の行為とは無関係な事実であると想定される[3]．実際，ギリシャの自然学では，自然界の基本的要素 —— それが原子であれ空間を満たすエーテルであれ —— の実在性については疑われることがなく，18 世紀以降のニュートンの古典力学からマクスウェルの電磁気学，そしてアインシュタインの相対性理論に至る古典物理学においても，実在性は暗黙のうちに仮定されていた．したがって，物質の状態を特徴づける位置や運動量，エネルギーといった物理量には観測を行う以前から値が実在するものと考えられており，測定行為はその値を確認する行為に過ぎなかったのである．

ところが，20 世紀になって原子や物質の新しい科学として誕生した量子力学[4]は，こういった意味で実在する物理量の値を語ることはなく，単に測定によって得られる値の候補と，その値を得る確率のみを扱う理論として構築された．つまり，その理論は本質的に非決定論であり，測定結果は可能な候補から偶然（ランダム）に得られるものに過ぎない．測定値はランダムな結果なのだから，それが測定前から存在したと考えることはできず，その値は測定とは無関係に存在していたとするわけにはいかないことになる．アインシュタインのパイスへの言葉は，このような量子力学の示唆する自然観に対する強い疑念から発せられたものであった．当然ながら，アインシュタインは自然界の根柢には実在性があり，理想的な物理の理論はこれを完全に記述すべきだと考えていた．そしてそれは生涯変わらぬ彼の信念であったのである．

もちろん，現代の最先端の物理学が「実在」を語らないのにはそれ相応の理由がある．「実在」は —— それがどれほど自然に思えるものであったとしても —— 科学的に実証することは難しいのである．元来，自然科学は観測（実験）を通じた検証を前提としている．したがって，観測していないときの「実在」を観測によって検証することは，それ自身が矛盾を孕んでいることを

---

3) なお，第 9 章の節「実在性」で論じられている実在とは測定選択や測定値の存在のことであり，ベルの定理で問題とする「観測を行う前の物理量の値の実在」のことではない [1]．したがって，本書においてジザンが強調する物理学における「実在」の重要性とは，測定前に物理量の値が存在することの重要性ではないことに注意．

4) 本書でジザンは「量子力学（quantum mechanics）」よりも「量子物理学（quantum physics）」の用語を推奨しているが，以下この解説では伝統的な立場から，量子系の基礎理論の意味として標準的に用いられる前者を採用する．

認めなければならない[5]．

それではなぜ，アインシュタインを筆頭に，人類は観測と無関係な「実在」の考え方を自然に受け容れ，科学の基盤にこれを置いたのだろうか？　夜，書斎の机で読書しているとき，ふと窓辺に近づいて空を見上げると美しい満月が見えたとしよう．もう一度，机に戻り読書を続ける．また気になって窓辺に近づくと，やはり夜空には満月が煌々と輝いている．何度となく繰り返しても，見るたびに満月はそこに存在する．だから机に戻ったこの瞬間にも，見ていなくとも満月は存在しているに違いないと信じる．このように，観測の度に**いつも同じことが起こる**とき，人は観測行為と無関係な存在を補完して考えるようになる．おそらく「実在性」は，このような同じ現象が持続する経験に基づいて，人類が獲得した直観なのであろう[6]．

それでは逆に，観測するたびにランダムに測定結果が変わるような現象があったとするとどうであろう．この場合にも実在を考えてよいだろうか？　例えば，眼の前に箱があり，中には玉が 1 つ入っているとしてみよう．箱の蓋を開けて中を見てみると，その玉の色は赤だったが，そっと蓋を閉めてから再び開けてみると，今度は玉の色は緑に変わっていた．どうやら蓋を開けるたびに，玉の色が赤か緑にランダムに変わるようになっているらしい．さて，このような箱が蓋を閉じて与えられたとき，中にある玉の色は「実在」していると考えることができるだろうか？　先に考察した月の実在性の例とは異なり，少しばかり慎重に判断しなければならない．もしかすると，蓋を開ける前には玉の色は存在しておらず，蓋を開けるという観測行為そのものが玉に色を付けている可能性だってあるのではないか？

私たちの周囲にそんな奇怪な玉と箱があるとは思えないが，自然界を構成

---

5) 仮に「月は誰も観測してないときには存在しない」という説を唱える人がいたとしても，その考えが間違っていることを科学的に証明することはできない．確かに月夜に森の中を見渡すとき，木々や地面に落ちる月明かりから，夜空を見上げていなくても月が出ているとわかる．地球に対する月の重力作用を知っていれば，潮の満ち引きからも月の存在がわかる．しかし，これらは月明かりや潮の干満の観測によって月の存在を知ったのであり，観測と無関係ではない．

6) EPR 論文の直後に書かれたアインシュタインの論説『物理学と実在』には，ここに書いたものよりもずっと詳しい「実在性」と科学との関係性についての考察が述べられている [4].

する原子や素粒子などのミクロな世界では，このようにランダムに見える現象がむしろ普通に見られることなのである．例えば，電子がどこにあるかを測定し，検出モニター上に点状の光を見ることでその位置を知る場合を考えよう．まったく同じ状態に準備された電子にこの測定を行うと，その度ごとにモニター上のあちこちに点状の光が観測され，それらはまったくランダムに出現する．この観測事実から，電子の位置という物理量の値は測定に先立って実在すると言い切ることは難しくなる．同様に，電子の運動の激しさを表す運動量という物理量も，測定のたびにその値がランダムに変化するため，電子の運動量の値も実在するとは言い切れない．それでもなお，アインシュタインをはじめとする少数の物理学者たちは，電子の位置と運動量は両方とも実在するはずだと信じていた．その背後にあったのは，ランダム性が現れるのは，まだ私たちが知ることのない隠れた性質やメカニズム —— まとめて「隠れた変数」と呼ばれる —— が存在しており，その値が測定の都度，揺らいでいるからだという考えであった．そして，そのような「隠れた変数」を扱うことができず，それゆえ観測とは無関係に実在を語れない量子力学は，物理理論としては完全なものではないと見なされていたのである．

「訳者まえがき」で述べたコイン投げは確率現象の典型例だが，出た「表」，「裏」の結果がランダムに見えるのは，コインを投げる際の初期条件（位置や投げ上げ角度，さらに周囲の空気の状態など）を知らないからである．しかし，もしこれらすべての条件を正確に知ることができたら，コイン投げに現れる見かけ上のランダム性を排除でき，結果を完全に予測することができるだろう．もしかしたら，量子現象に現れるランダムさも見かけだけのものであり，将来，現れるであろう完璧な物理理論ではそれを排除できるようになるかも知れない．そうだとすれば，どれほど量子力学が現象の説明に成功したとしても，現段階でそれが完全なものだと信じて，一般には物理量は実在しないなどと宣言することは，科学者の態度として傲慢なのではないか？

このような考えを背景に，アインシュタインは同僚のポドルスキーとローゼンとともに，後に彼らの頭文字から EPR パラドックスと呼ばれることになる思考実験を提議したのである [5]．それは量子力学が理論的に整備され，ボーアやハイゼンベルクらによる（後にコペンハーゲン解釈と名づけられることになる）標準的な解釈が提唱され，広く物理学者の間に浸透した後である 1935 年のことであった．アインシュタインらの論文は「Can Quantum-Mechanical Description of Physical Reality be Considered Complete?（量子力学による物理的実在の記述は完全といえるか？）」と題され，わずか4ページの短いものでありながら，説得力のある論理展開と状況証拠に基づいて量子力学の不完全性を論証しようとするものであった．

彼らのアイディアはいたってシンプルだ．まず，実在という曖昧な概念を明確に扱うために，**物理的実在の要素**（elements of physical reality）と呼ぶものを定義する：

> もし，物理系を乱すことなく，物理量の値を確実に（つまり，確率1で）予言できるならば，その物理量に対応する物理的実在の要素が存在する．

誰しもが納得するように実在を定義することは難しいだろう．しかし，アインシュタインらの定義は，実在が満たすべき性質に対する慎重な態度に基づくものであり，実在の十分条件として受け入れやすいものである．実際，「確実な予言」という点では，上で述べたような実在の考えが生み出される継続性の経験則に相当する．測るたびに同じ結果が得られるならば，確実な予言ができることになる．アインシュタインたちはさらに慎重に「物理系を乱すことなく」という条件を付け加える．もし物理系を乱すことが許されるのであれば，その擾乱によって測定された値と本来の物理的実在としての値が異なることもあるだろうし，さらには擾乱そのものが元々存在しなかった測定値を生み出す可能性さえあるからだ．物理系を乱すことなく，何が起こるかが確実に予言できるのであれば，そこで得られた測定値は実在の要素を反映したものであり，それゆえその実在は測定前から備わっていたと考えてもよいだろう．彼らは，**完全な物理理論**とはこのような物理的実在の要素を漏らさず記述できるものを指し，そうでないものは不完全な理論だと考えた．

上の条件を満たすような物理的実在の要素は，果たして現実に存在するのだろうか？　再び，前述の箱の中の玉の例を持ち出そう．ある場所に置かれた装置から，2つの箱が互いに反対方向に飛んでいくとする．想像しやすいように，この装置はハワイのホノルルにあり，箱は遠路はるばる東京にいるアリスと，ニューヨークにいるボブのもとに届くものとする．アリスの手元に届いた箱を開けると玉が1つ入っており，その色は赤であった．他方，ボブの手元に届いた箱を開けるとやはり玉が1つ入っており，その色は緑であった．ハワイから次々と箱が届き，アリスは箱を開けて玉の色を観測すると，その色は赤だったり緑だったりするが，その色の変化には特に規則性はなく，ランダムに変わるように見える．同様にボブに届く玉の色も，緑や赤がランダムに現れる．ところが，アリスとボブが後日お互いの玉の色を報告しあったところ，それぞれの玉の色には強い相関があることがわかった．どうやら，アリスが赤の玉を観測したときは，必ずボブの玉の色は緑であり，その逆に，アリスの玉が緑のときは，ボブの玉は赤になるようになっているようだ．アリスとボブは東京とニューヨークという遠く離れた場所にいるにもかかわらず，このような逆の結果の強い相関（完全反相関）が生じている．

さて，このような現象は不思議なことだろうか？ 少し考えれば，これには次のような簡単な説明があることに気が付くだろう．ホノルルに2つの箱がある時点で，初めから各々の箱に赤と緑の玉を1つずつ入れ，それを東京とニューヨークに送っていればよいのだ[7]．そうすると，片方の玉が赤（あるいは緑）だったら，どんなに遠くに離れていようと，もう片方は必ず緑（あるいは赤）になる．そして同じことを，箱を送るたびに繰り返せばよい．このようにすれば，どれだけ離れた場所の間に起こる強い（反）相関関係でも実現できることになる．なお，ベル自身もこのことを「バートルマンの靴下」という例で説明している [6] —— バートルマン博士（ベルの友人で実在する物理学者）は，なぜかいつも左右の足に色違いの靴下を履く習慣がある．それが赤と緑の靴下だとすると，片方の靴下が赤だとわかった瞬間に，もう片方の靴下は緑であることがわかってしまう．したがって，完全相関や完全反相関の事実のみを持って量子もつれの不思議さを語ることはできないことに注意する．

実のところ，アインシュタインたちの狙いは人々をこのような，いわば古典物理の常識的な考えに立ち戻らせることにあった．この考えの前提は，アリスやボブの観測に先立って，玉の色が（赤か緑に）決まっていて，それを彼らが観測しているという描像である．すなわち，玉の色には常に「実在性」があるとするのだ．これを先に述べた彼らの「物理的実在の要素」の条件に

---

7) これは本文におけるタイプ2（局所共通原因による相関：第2章参照）の説明である．

当てはめると，次のようになる．まず，アリスの玉の色は実在の要素である．なぜならば，ボブが箱の蓋を開けて中の玉を観測してその色がわかると，完全反相関の性質よりアリスの玉の色を確実に予言（推定）できるようになる．さらに，実際に玉を観測しているのは遠くにいるボブ側の玉であるため，その影響がアリス側の玉を遠隔的に乱すとは考えにくい．逆に，アリスが箱の蓋を開けると，ボブ側の玉の色が（影響を与えずに）予言できるから，ボブの玉の色もまた実在の要素であることになる．

ここでアインシュタインたちは，一方の観測の影響が遠くにいる他方に瞬時には届かないという「局所性」の条件を要請しているが，これは重要なポイントである．近くにいれば，一方の観測（蓋を開ける）の影響が他方に伝わることはある[8]が，アリスとボブが遠くにいて，二人の観測をできるだけ同期して同じ時刻に行えば，互いの影響は実質的に排除することができるだろう．もし玉の色が実在値として決まっておらず，アリスが観測した瞬間にその色が決まるものだとすると，その影響が瞬時に遠くのボブの玉に伝わることになってしまい，局所性の要請を満たさない．だからその可能性は排除できるという論理である．

このような議論から，アインシュタインたちは「玉の色には物理的実在の要素がある」と判断した．なお，彼らの論文では局所性の条件は暗黙のうちに要請されており，仮定としての位置づけは明示されていない．彼らにとって，それほどまでに局所性は外すことのできない自然なものであった．というのも，もし局所性がなければ，目の前で起こる現象が宇宙のはるか彼方の影響を受けて，瞬時に変わってしまうこともあり得る．そのような奇怪な影響があれば，一般に自然法則の根柢にある因果律の描像が破綻し，自然現象を素直に理解することが困難になってしまうからである．実際，本書でも何度となく強調されているように，ニュートンは万有引力に非局所的な作用が避けられなかったことに苦悩していた．その苦悩を見事に取り除くことになったのが，アインシュタインの相対性理論なのであった．この理論によると，万有引力も含め，すべての物理的な影響や通信は光の速さを超えて伝わること

---

8) これは本文のタイプ1（一方が他方に与える影響による相関：第2章参照）の説明に対応する．実際の実験では同期の精度の問題が生じるが，これは第9章で詳しく論じられている．以下はタイプ1の説明は排除されている前提で話を進めよう．

はない．すべては空間の隣り合う点同士の局所的な影響の伝搬として理解することができる．相対性理論のおかげで，我々人類は自然界を局所実在的に理解することができるようになったとも言えよう．

さて，局所性の要請から実在の要素の存在が導かれるとすれば，今度は，果たして量子力学がこのような物理的実在を漏らさず記述できているのかということが問題になる．これに対してアインシュタインたちは，量子力学の理論に本質的に組み込まれている「不確定性原理」を持ち出して，量子力学には彼らの想定した実在の要素が記述できていないと主張した．これを理解するためには，玉の「色」だけでなく，他の性質（例えば玉の「重さ」としよう）を考える必要がある[9]．不確定性原理によると，一般に複数の物理量（この例では「色」と「重さ」）を同時に測定することはできず，とりわけ両者が同時に確定的になる量子状態は存在しないことが知られている[10]．ところがアインシュタインたちは，2 個の玉の色が完全反相関するだけでなく，玉の重さも完全反相関するような（もつれた）量子状態の存在を指摘した．そうすると，上述した論法により，玉の色だけでなく，玉の重さにも実在の要素があることになる．一方，量子力学では不確定性原理によって，玉の色と重さが同時に確定した量子状態は存在しない[11]．つまり，量子力学ではこれらの実在の要素を同時には記述できていないということになる．したがって，すべての実在の要素を記述できていない量子力学は，理論として不完全であると結論づけられる．

以上が EPR パラドックス論文の論旨である．論文が発表された直後に書かれたボーアの反論 [8] では，玉の「色」と「重さ」の実在の要素を確証す

---

9) 本書（第 2 章の節「相関」）では，同様の話がアリスとボブの夕食の献立を例に説明されている．ここでの玉の「色」か「重さ」の測定の選択は，献立の例では「右」か「左」のスーパーの選択に対応している．なお，玉の例では完全反相関（完全に逆の結果）であるのに対し，献立の例では完全相関（完全に同じ結果）となっているが，話の本質は同じである．

10) 例えば，電子の「位置」と「運動量」は，同時に確定した状態が存在しない典型的な例である．

11) アインシュタインらの論文では，2 個の粒子の位置と運動量を考え，それぞれの粒子の位置も運動量も上で述べたような相関のある量子もつれ状態を用いている（第 5 章の節「量子もつれ」も参照）．これにより，位置と運動量の不確定性原理を攻撃したのである．

る実験を同時に行える物理的状況が現実に存在しないことを根拠に，アインシュタインたちの結論が成り立たないと主張した．実はこの点は彼らの論文でもすでに想定されていたことであり，論文の最後には次のようにコメントされている．

> 実際，もし2個または複数の物理量が同時に測定できるか，あるいは同時に予言できるときに限って，同時に実在の要素を持つと見なすことができると主張するのであれば，我々の結論にたどりつくことはないだろう．…（しかし）いかなる合理的な実在の定義も，これを許すとは思えない．

このコメントにある「合理性」の前提を推察するとすれば，次のようになるだろう —— どの物理量を測定するかという判断は実験家が自由に選択できることであり，玉の例で言えば，アリスが「色」を測定するか，それとも「重さ」を測定するかは任意に決められるはずである．アリスの測定実験の物理的状況はこの選択によって決まるが，どちらを選択したとしても，局所性の要請により，その影響はボブには伝わらないはずである．つまり，現実に2個の物理量が同時に測定できないからといって，それらに実在の要素を付与することに問題は生じないとするのが合理的だ．実のところ，ここで述べた測定する物理量の選択の自由 —— あるいはこれを行う実験家の自由意志の存在の問題は，次のベルの定理においても再び重要になる．

ベルの定理

EPRパラドックスの論文は，量子力学は未だ不完全であることを強く示唆したが，その解決策が提示されたわけではない．さらにボーアによる反論などもあり，彼らの理想とする理論，すなわち「局所実在性に基づく完全な理論」なるものが本当に許されるのかどうかもわからなかった．この難問に解決の道筋を提示したのがベルの1964年の仕事[9]であり，EPRパラドックスの論文から30年近く経ってからのことであった．

結論から述べよう．ベルは，アインシュタインたちの想定する局所実在性（より正確には「局所的隠れた変数の理論」）は量子力学とは矛盾し，実験的にも検証可能であることを示したのである．これは，局所性と実在性を両立させた形で，量子力学を理解することは不可能であることを意味する．皮肉なことに（あるいは当然ながら），局所実在性と矛盾する量子状態は，アインシュタインたちが量子力学を攻撃するために用いた量子もつれ状態であった．したがって，この自然界を局所実在論的に理解できるとすれば，量子力学が正しくないこと，すなわち量子力学が予言する量子もつれは実際には存在してはならないことになる．

その検証実験は，アスペを含めた多くの物理学者たちによって行われた．その結果，量子もつれによって生成され，局所実在性とは矛盾する非局所相関が存在することが，次々と実験的に検証されていったのである[12)]．より正確に言えば，量子力学の予言する非局所相関が精度良く観測されたことによって，量子力学はこの自然界を正しく記述していることが確認された．そして逆に，局所実在性に基づく隠れた変数の理論では，そのような記述が不可能である（実験結果と矛盾する）ことが判明したのである．

人類の長い自然界の探究の歴史を振り返ったとき，このことは極めて衝撃的な事実であった[13)]．見ていないときの実在を語ろうとすると，それは必然的に非局所的なものになってしまう．逆に，局所性を維持しようとすると，実在を語るのは諦めなければならない．それでは，私たちはこの自然界をどのように理解すればよいのだろうか？　著者のジザンは，その 1 つの方法は本書で述べられた「非局所的なランダム性」を受け容れることだという．そこで，以下ではベル定理の分析や証明を与えた後，ジザンの立場との関連性を考察することにしよう．

ベルは，通常の量子力学では想定されていない，未だ隠れているメカニズムが存在する可能性を詳細に分析した．ベルは彼の定理の論文の中で，「実在」という用語や概念を一度も使わず，アインシュタインたちの実在の要素を含

---

12) 歴史的に最初に行われたベルの定理の検証実験はフリードマンとクラウザーによるもの [10] であるが，光速に基づくタイプ 1 による説明の可能性は考慮されていなかった．なお，クラウザー自身は局所実在性を固く信じており，実験の前は量子力学の方が間違っているに違いないと考えていたようだ [11]．光速による直接影響の考慮をした実験としては，その後に行われたアスペらによる実験が有名である [12]．その他の実験や各種の抜け穴を防いだ最近の実験については，「日本語版への序文」や第 6 章，第 9 章を参照．

13) 物理学者であるスタップは，ベルの定理を「科学史上最も深淵な発見」（**the** most profound discovery of science）と評している [13]．

む隠れた要因を一般に「隠れた変数」と称している[14]．隠れた変数は単に未だ見つかっておらず，原理的に観測できないものかもしれないが，いずれにせよ，量子物理におけるランダム性は，この「隠れた変数」を私たちが知らないことによる見かけのランダム性である可能性が残されている．そうだとすれば，その事情は前に述べたコイン投げの場合と本質的に変わらない．ベルは，アインシュタインたちの想定する「局所性」を満たすように「隠れた変数」を補うことによって，量子力学の予言する量子もつれの非局所相関を説明できないかを，具体的なモデルに依らない一般論として検討した．

ここで「隠れた変数」は，その値を定めることで観測されるすべての物理量の値を決定することができる決定因子として導入されるものであり，一般に「実在性」に対応するものと見なされている．しかし厳密に言えば，ここでの「隠れた変数」はランダム性を取り除くための決定因子であり，以前，アインシュタインたちがEPR パラドックスで定義した「実在性の要素」とは必ずしも一致しない．さらに，本文でも著者が述べている通り，現代の科学において「実在性」が何を指すかは曖昧な点が多いことから，「隠れた変数」を「実在性」に対応させてベルの議論の前提を「局所実在論」と呼ぶよりも，上のような意味での「局所決定論」と呼ぶ方が相応しいと考えられる[15]．さらに，後述のようにベルの定理は非決定論（隠れた変数を考慮してもランダム性が取り除けない理論）の枠組を含んだより広い局所的隠れた変数理論にまで拡張されていることから，混乱を避けるため，以下ではベルの定理を導

---

14) 「隠れた変数（hidden variable）」は，本書では第 2 章で導入され，そこでは物理的状態を決める状況として取り扱われている．なお，この用語は初めフォン・ノイマンの教科書 [14] で「隠れた因子（hidden parameter）」の名称で用いられ，後に隠れた変数の理論の雛形であるボーム理論の論文 [15] において「隠れた変数」として提唱され，広く認知された．

15) ベル自身は彼の論文 [9] において EPR の想定する完全性のための補助変数（隠れた変数）が保証するものは「因果律（causality）」と「局所性（locality）」だとしており，前者を「実在性」とはしていない．一方，ベルの定理を導く際に用いた隠れた変数理論の議論では，確定した測定結果（決定性）を保証する因子としてこの隠れた変数を導入しており，これは本解説での対象を「局所決定論」と呼ぶことと平仄が合う．なお，物理学での「決定論」は「因果的決定論」を指すことが多く，（その場合でも測定結果は因果的に決定されているのでここでの用法と矛盾しないものの）両者の違いには留意が必要である．

く際に前提とした対象を「局所的隠れた変数理論」と呼ぶことにする．

さて詳細を述べる前に，ベルの仕事の大筋を確認しておこう．ベルはあらゆる局所的隠れた変数理論が満たすべき条件式を導出した．これが**ベルの不等式**と呼ばれるものである．重要なのは，ベルの不等式が測定可能な量の組み合わせで構成されているため，不等式が正しいかどうかを実際の実験で検証できることである．さらにベルは，量子力学の量子もつれがベルの不等式を破ることを示した．その結果，量子もつれは，いかなる局所的隠れた変数理論でも説明不可能であると結論づけられることになった．この一連の成果を**ベルの定理**と呼ぶ．

歴史をたどると，まず 1964 年にベルは論文 [9] で，局所的隠れた変数理論において（上述した玉の例のような）測定結果が完全反相関する場合に成立するベルの不等式を導出した．1969 年には，クラウザーら [16] によって完全反相関の条件を取り除いた不等式が導出された．この不等式は，ベルと論文 [16] の著者（Clauser, Horne, Shimony, Holt）の頭文字を取って，ベル-CHSH 不等式または単に CHSH 不等式と呼ばれ，多くの場合，ベル不等式はこの CHSH 不等式を指す．さらに 1971 年になると，ベルは決定論の仮定を取り除き，最も一般的な局所的隠れた変数理論においても CHSH 不等式が成り立つことを示した [17]．これが本書で紹介されているベルの不等式（52 ページの式）である．

$$P(a=b|0,0)+P(a=b|0,1)+P(a=b|1,0)+P(a\neq b|1,1)\leq 3 \quad \text{(A.1)}$$

ここで考察の対象とする物理系は二体系（アリスとボブ）のモデルであり，各系に 2 つの二値測定（$a=0,1$ および $b=0,1$）を行う簡単な設定になっているが，一般の多体系でもその一部がこれを含むものと考えれば，局所的隠れた変数理論の可能性を吟味する上ではこのモデルで十分である．その後，ベル定理は多体系，多測定，多値測定設定へと拡張されている．なお，一般のベルの不等式は，局所的隠れた変数理論の前提から導かれるものなのでその前提の必要条件に過ぎないが，CHSH 不等式は（この設定の下で）局所的隠れた変数理論で説明されるための必要十分条件になっていることが知られており [18]，その意味で，CHSH 不等式は特に重要なものとなっている．

以下，理論に関心のある読者のために，CHSH 不等式の初等的な導出を行っておく．数式に抵抗のある読者は読み跳ばして構わないが，確率論の初歩さえ知っていれば式を追うことはさほど難しくないだろう．まず，上述の簡単な（本文で著者が用いたものと同じ）設定に従って，遠く離れたアリスとボブの手元に装置があり，それぞれが操作棒を倒すことで測定種類の選択を行い，それぞれに二値の測定値を得るものとする．アリスの測定選択は $x = 0, 1$，ボブの測定選択は $y = 0, 1$ とラベルづけする．本書では，アリスの測定結果を $a = 0, 1$，ボブの測定結果を $b = 0, 1$ としているが，ここでは証明を簡単にするため，ベルや CHSH の設定に従ってそれぞれ $\alpha = 1, -1$，$\beta = 1, -1$ とラベルづけしておこう．必要であれば，それらの間の変換を $\alpha = (-1)^a$, $\beta = (-1)^b$ によって行えばよい．

さて，実験によって統計的に得られるものは，アリスが測定 x，ボブが測定 y を選択したとき（条件），アリスが測定値 α，ボブが測定値 β を得る条件付き確率

$$P(\alpha, \beta | x, y) \tag{A.2}$$

である．この確率分布を（実際に測定することができることを強調するために）**経験分布**と呼ぶこともある．

各測定ペア (x, y) に対する二人の測定値の積の（条件付き）期待値は

$$E_{xy} = \sum_{\alpha, \beta = \pm 1} \alpha \beta P(\alpha, \beta | x, y) \tag{A.3}$$

で与えられる．もちろんこの期待値も測定可能な量である．

以下において，CHSH 不等式，すなわち，局所的隠れた変数理論において，上の条件付き確率分布から得られる期待値 E_{xy} に課される不等式を導出しよう．そのために，一般の隠れた変数理論を考える．慣例に従って，隠れた変数を λ，隠れた変数の集合を Λ と記す．もし隠れた変数が自然界に存在するならば，実際に測定される経験分布 (A.2) は，隠れた変数を確率的に混合させたもの

$$P(\alpha, \beta | x, y) = \sum_{\lambda \in \Lambda} \rho(\lambda) P(\alpha, \beta | x, y, \lambda) \tag{A.4}$$

になると考えられる[16]．上式の $\rho(\lambda)$ は隠れた変数 λ の確率分布であり，規格化条件 $\sum_\lambda \rho(\lambda) = 1$ を満たす．また，$P(\alpha, \beta|x, y, \lambda)$ は隠れた変数 λ，測定選択 x, y が与えられたとき，それらを条件とする測定結果 α, β の同時確率分布である．

なお，この同時確率分布には測定選択 x，y が独立変数として組み込まれていることに注意したい．実際，隠れた変数 λ の確率分布は，最も一般的には $\rho(\lambda|x, y)$ とすべきところであるが，測定者は物理系から超然とした存在であって隠れた変数と測定の選択は独立であると考え，$\rho(\lambda|x, y) = \rho(\lambda)$ としている．これは，測定者（アリスとボブ）が対象とする物理系や周囲の環境系からまったく独立に，自由に測定を選択できることを前提にしたもので，**選択の自由**あるいはこれを行う測定者の**自由意志**の存在を暗黙の了解としたものである（第 9 章の節「超決定論と自由意志」や第 10 章の節「自由意志定理」も参照）．これらの点の正当性は厳密には肯定も否定もできないものであり，通常の隠れた変数理論の議論では大前提とされている[17]

もう一つの重要な点は，測定結果の決定性に関するものである．すなわち，もしどのような測定選択 x, y と隠れた変数 λ（ただし $\rho(\lambda) \neq 0$）を選んでも，それぞれの測定結果 α, β が ±1 のどちらかの値に一意に決まるのであれば，それはベルが最初に考察した**決定論的**な場合に相当する．このとき，一意に定まる測定結果を $\alpha = \bar{\alpha}(x, y, \lambda)$，$\beta = \bar{\beta}(x, y, \lambda)$ と書く（$\bar{\alpha}, \bar{\beta}$ は ±1 のいず

---

16) ここでは簡単のため和の記号を用いているが，隠れた変数 λ は離散的なものとは限らず，連続量を含む一般の測度空間 Λ の元（より正確には，標準的な（コルモゴロフ流の）確率論で記述されるもの）であれば何でもよい．

17) 最近のベルの不等式の検証実験では，量子的なランダム性の導入などにより，この選択の自由の前提をも排除する（「抜け穴」として塞ぐ）試みもなされている [19]．これは本文に述べたように厳密には不可能なことではあるが，一定の合理的な 2 つの仮定を置くことで，現実的な観点からこの問題への考察に道筋をつけようとするものと見ることができる [20]．その仮定の 1 つは，隠れた変数 λ が（直ぐ後の本文で述べる）非決定論的であることで，これによってランダム性の存在が許容される．もう 1 つの仮定は，実験対象の粒子の λ がその量子もつれの発生時に生成されるとするもので，こうすることで，λ の生成と測定選択の間が空間的に離れていて因果的な関係を持たなければ，測定選択 x, y が λ に依存しないことが確かめられるとする．なお，このような選択の自由の前提を含めたベル検証実験の「抜け穴」については，文献 [21] に考え方の整理が成されている．

れかの値を取る）ことにすると，クロネッカーのデルタ記号[18]を用いて同時確率分布は

$$P(\alpha, \beta | x, y, \lambda) = \delta_{\alpha,\bar{\alpha}}\, \delta_{\beta,\bar{\beta}} \tag{A.5}$$

と書き表される．一方，同じ状況の下で，それぞれの測定結果 α, β の値が何らかの理由から必ずしも一意に決まらず，統計的に揺らぐような状況も考えられる．これが**非決定論的**な場合であり，隠れた変数 λ の存在とは独立の（外部環境的な）確率的要因があることを想定している．以上が一般的な隠れた変数理論である．

続いて，局所性の条件について議論することにしよう．隠れた変数理論の同時確率分布が，アリス系とボブ系の各々の確率分布 $P_A(\alpha|x,\lambda)$, $P_B(\beta|y,\lambda)$ の積の形

$$P(\alpha, \beta | x, y, \lambda) = P_A(\alpha|x,\lambda) P_B(\beta|y,\lambda) \tag{A.6}$$

となるとき，ベルの**局所性条件**を満たすという．一般に，**局所的隠れた変数理論**とは，ベルの局所条件を満たす隠れた変数理論のことを指している．この後で局所性条件の詳しい分析を与えるが，ここではこの条件が，アリスまたはボブの手元で起こる事象は遠隔地（ボブまたはアリス）で起こる事象とは独立であるという要請を表すものになっていることに注意しておく．

ベルらは，あらゆる局所的隠れた変数理論において，次のような制約が課せられることを示した：

$$E_{00} + E_{01} + E_{10} - E_{11} \leq 2 \tag{A.7}$$

これがCHSH不等式である[19]．この不等式の証明はすぐ後で与えるが，その前に，これが不等式 (A.1) と等価であることを確かめよう．まず期待値の定義より，

$$E_{xy} = P(1,1|x,y) + P(-1,-1|x,y) - \left[P(1,-1|x,y) + P(-1,1|x,y)\right] \tag{A.8}$$

が成り立つ．ここで，確率の規格化条件（正規性）$\sum_{\alpha,\beta} P(\alpha,\beta|x,y) = 1$ を

18) $\delta_{a,b}$ は $a = b$ のとき 1 を，$a \neq b$ のとき 0 を取る．

19) なお，$|E_{00} + E_{01} + E_{10} - E_{11}| \leq 2$ のように絶対値を付けたもの，および，マイナス符号の場所を変えた不等式群全体とすると，局所的隠れた変数理論と等価となる [18]．

用いると,

$$E_{xy} = 2\big[P(1,1|x,y) + P(-1,-1|x,y)\big] - 1 = 2P(a=b|x,y) - 1 \quad \text{(A.9)}$$

または

$$E_{xy} = 1 - 2\big[P(1,-1|x,y) + P(-1,1|x,y)\big] = 1 - 2P(a \neq b|x,y) \quad \text{(A.10)}$$

と書き直すことができる．ただし $P(a=b|x,y)$, $P(a \neq b|x,y)$ は，それぞれアリスとボブの測定値が等しくなる確率，および異なる確率である．また，本文に合わせて測定値を $\alpha, \beta = \pm 1$ から $a, b = 0, 1$ と書き直している．ここで，$(x,y) = (0,0), (0,1), (1,0)$ の場合に (A.9) を，$(x,y) = (1,1)$ の場合に (A.10) を用いて (A.7) を書き直したものが式 (A.1) となる．

それでは CHSH 不等式 (A.7) を証明しよう．

［証明］ 期待値の定義 (A.3) に，局所的隠れた変数の仮定 (A.4) と (A.6) を代入して整理すると，

$$E_{xy} = \sum_{\lambda} \rho(\lambda) A_x(\lambda) B_y(\lambda) \quad \text{(A.11)}$$

とまとめることができる．ここで，$A_x(\lambda)$ と $B_y(\lambda)$ は以下で定義される（アリスとボブの得る）条件付き局所期待値

$$A_x(\lambda) = \sum_{\alpha=\pm1} \alpha P(\alpha|x,\lambda), \qquad B_y(\lambda) = \sum_{\beta=\pm1} \beta P(\beta|y,\lambda) \quad \text{(A.12)}$$

である．これらの局所期待値は，それぞれが測定値 ± 1 の期待値だから，

$$-1 \leq A_x(\lambda) \leq 1, \qquad -1 \leq B_y(\lambda) \leq 1 \quad \text{(A.13)}$$

を満たす．CHSH 不等式 (A.7) の左辺は

$$E_{00} + E_{01} + E_{10} - E_{11} = \sum_{\lambda} \rho(\lambda)(A_0B_0 + A_0B_1 + A_1B_0 - A_1B_1)$$

とまとめることができる（ここでは A, B の λ 依存性は省略した）．ここで，三角不等式[20] と確率の正値性 $\rho(\lambda) \geq 0$ を考慮すると，

---

20) 任意の数 x, y に対して，$x + y \leq |x+y| \leq |x| + |y|$ が成り立つ．帰納的に考えれば，3 つ以上の数でもこの不等式は成り立つ．

$$|E_{00}+E_{01}+E_{10}-E_{11}| \le \sum_{\lambda} \rho(\lambda)|A_0B_0+A_0B_1+A_1B_0-A_1B_1| \quad \text{(A.14)}$$

を得る．後はこの右辺が 2 以下であることを示せばよい．

まずは当初ベルが考察した決定論的な場合を示しておく．この場合の同時確率分布の形 (A.5) と局所性条件 (A.6) とを見比べると，各々の確率分布は

$$P_A(\alpha|x,\lambda)=\delta_{\alpha,\bar{\alpha}}, \qquad P_B(\beta|y,\lambda)=\delta_{\beta,\bar{\beta}} \quad \text{(A.15)}$$

となり，さらに一意に確定する値は $\alpha=\bar{\alpha}(x,\lambda)$，$\beta=\bar{\beta}(y,\lambda)$ となっていることが必要になる．それゆえ，アリスとボブの局所期待値 (A.12) は

$$A_x(\lambda)=\sum_{\alpha=\pm1}\alpha\,\delta_{\alpha,\bar{\alpha}}=\bar{\alpha}(x,\lambda), \qquad B_y(\lambda)=\sum_{\beta=\pm1}\beta\,\delta_{\beta,\bar{\beta}}=\bar{\beta}(y,\lambda) \quad \text{(A.16)}$$

となり，これらの値は ±1 のどちらかになる．このことから，簡単な考察によって (A.14) の右辺の絶対値の中身は 2 または -2 しか取らないことがわかる[21]．すると式 (A.14) の右辺において $|\pm 2|=2$ となるから，同式は

$$|E_{00}+E_{01}+E_{10}-E_{11}| \le 2\sum_{\lambda}\rho(\lambda)=2 \quad \text{(A.17)}$$

となる．最後の等式は，確率 $\rho(\lambda)$ の規格化条件（正規性）を用いている．これで，決定論的な場合の CHSH 不等式が証明された．

ところが，一般の非決定論的な場合も，決定論の場合の証明によって示されていることがわかる．というのも，(A.14) の絶対値の中は，A_0, A_1, B_0, B_1 のアフィン関数（線形関数）となっているため，その最大値はこれら変数の取り得る範囲の境界値（端点）で実現されるからである．このことから，(A.13) よりその端点での絶対値の中身はそれぞれ ±2 となり，(A.17) が導かれた．したがって，一般の場合においても，CHSH 不等式が証明されたことになる． ■

非局所的なランダム性

以上のように，ベル不等式の証明には，隠れた変数の存在に加えて，局所性

21) 例えば，$A_0=1, A_1=-1, B_0=-1, B_1=1$ の場合は，$A_0B_0+A_0B_1+A_1B_0-A_1B_1=1\times(-1)+1\times1+(-1)\times(-1)-(-1)\times1=-1+1+1+1=2$ である（すべての場合を考えても 8 通りしかないので，気になる読者は全通り計算して確認してほしい）．あるいは，以下のように直接示すこともできる: $A_0B_0+A_0B_1+A_1B_0-A_1B_1=A_0(B_0+B_1)+A_1(B_0-B_1)$．ここで，$B_0, B_1=\pm1$ なので，$B_0=B_1$ のときは，$B_0-B_1=0$ となり，第二項は 0．$A_0=\pm1$，$B_0+B_1=\pm2$ なので，第一項は ±2．逆に $B_0\neq B_1$ の場合は，第一項が 0 となり第二項が ±2 となる．

条件 (A.6) が本質的な役割を果たす．それではこの局所性条件はいったい何を意味しているのだろうか？　ここではジャレット [22] により提唱された**選択独立性** (parameter independence) と**出力独立性** (outcome independence) の概念を通じて，局所性条件を掘り下げておこう．この分析を通じて，ジザンの「非局所的なランダム性」がより一般的なレベル（隠れた変数理論）で示されることがわかる．

まず，選択独立性とは，遠くの観測者が行う行為（測定パラメータ）の選択によって，瞬時に手元の確率分布が影響されることはないという要請である．これは，意味としては情報通信禁止則と似ているが，通常，それは経験分布に課されるのに対し，ここでは隠れた変数を固定した確率分布 $P(\alpha,\beta|x,y,\lambda)$ に課されるという違いがある．この条件では，まずアリスの周辺分布 22)

$$P_A(\alpha|x,y,\lambda)=\sum_{\beta=\pm1}P(\alpha,\beta|x,y,\lambda) \tag{A.18}$$

がボブの選択に依存しないこと，すなわち異なる選択 y,y' に対して

$$P_A(\alpha|x,y,\lambda)=P_A(\alpha|x,y',\lambda) \tag{A.19}$$

が成立することが要請される．加えて，ボブの周辺分布も同様にアリスの選択 x,x' に依存しないこと

$$P_B(\beta|x,y,\lambda)=P_B(\beta|x',y,\lambda) \tag{A.20}$$

も要請される．これらの要請 (A.19) および (A.20) が，選択独立性の条件になる．

この選択独立性は，当初，ベルによって考察された局所決定論において議論された局所性そのものである．ところが，用いられた局所性条件 (A.6) は選択独立性よりも強い条件であり，もう 1 つの条件である出力独立性を要請する必要がある．ここで出力独立性とは，手元で測定される確率は遠くの観

---

22)　アリスはボブの測定値を知らないため，アリス側としては自分の測定結果 α に対する確率のみが意味を持つ．このような確率は周辺分布（同時分布を一覧表にした際，その周辺に一方の測定値についての和を記載することに由来）と呼ばれ，確率の和法則より，$P(\alpha,\beta|x,y,\lambda)$ で β について和を取った式 (A.18) で与えられる．

測者が得る測定結果には依存しないという要請である．具体的には，ボブが測定結果 β を得た際のアリスの条件付き確率

$$P_A(\alpha|x,y,\beta,\lambda) = \frac{P(\alpha,\beta|x,y,\lambda)}{P_B(\beta|x,y,\lambda)} \tag{A.21}$$

が，ボブの測定値 β, β' に依存しないこと

$$P_A(\alpha|x,y,\beta,\lambda) = P_A(\alpha|x,y,\beta',\lambda), \tag{A.22}$$

であり，加えて，任意のアリスの測定結果 α, α' に対するボブの条件付き確率についても同様に

$$P_B(\beta|x,y,\alpha,\lambda) = P_B(\beta|x,y,\alpha',\lambda) \tag{A.23}$$

が要請される．これらの要請 (A.22) および (A.23) が，出力独立性の条件である．

先に書いたように，ベルの局所性条件 (A.6) は一般に選択独立性のみからは従わないが，さらに出力独立性を要請することで導くことができる．逆に，ベルの局所性条件から選択独立性，および，出力独立性を示すこともできる．すなわち，

$$\text{局所性条件} \quad \Longleftrightarrow \quad \text{選択独立性 かつ 出力独立性} \tag{A.24}$$

が示される．

[証明] ベルの局所性条件 (A.6) が，選択独立性と出力独立性を満たすことは直ちにわかる．まず選択独立性については (A.6) より，アリスの周辺分布は

$$P_A(\alpha|x,y,\lambda) = \sum_\beta P(\alpha,\beta|x,y,\lambda) = \sum_\beta P_A(\alpha|x,\lambda)P_B(\beta|y,\lambda) = P_A(\alpha|x,\lambda) \tag{A.25}$$

となり，右辺は y に依存せず，アリスの選択独立性 (A.19) が導かれる．同様に，(A.20) のボブの選択独立性 $P_B(\beta|x,y,\lambda) = P_B(\beta|y,\lambda)$ も導くことができる．次に出力独立性について考えると，ベルの局所性条件 (A.6) と直前に導いたボブの選択独立性より，アリスの条件付き分布は

$$P_A(\alpha|x,y,\beta,\lambda) = \frac{P(\alpha,\beta|x,y,\lambda)}{P_B(\beta|x,y,\lambda)} = \frac{P_A(\alpha|x,\lambda)P_B(\beta|y,\lambda)}{P_B(\beta|y,\lambda)} = P_A(\alpha|x,\lambda) \tag{A.26}$$

となるから，右辺はやはり β に依存せず，アリスの出力独立性 (A.22) が導かれる．同様に，ボブの出力独立性 (A.23) である $P_B(\beta|x,y,\alpha,\lambda) = P_B(\beta|y,\lambda)$ も導かれる．

今度は逆に，選択独立性と出力独立性が成り立つと仮定する．まず，式 (A.20) はボブの確率分布が x に依存しないことを意味するので，それを $P_B(\beta|y,\lambda)$ と書いてよい．また，式 (A.22) は β に依存しないので，これを $\tilde{P}_A(\alpha|x,y,\lambda) = P_A(\alpha|x,y,\beta,\lambda)$ と置くと

$$P(\alpha,\beta|x,y,\lambda) = P_B(\beta|x,y,\lambda)P_A(\alpha|x,y,\beta,\lambda) = P_B(\beta|y,\lambda)\tilde{P}_A(\alpha|x,y,\lambda) \tag{A.27}$$

となる．最後に，この両辺に対して β で和を取ると $\sum_\beta P_B(\beta|y,\lambda) = 1$ より

$$\sum_\beta P(\alpha,\beta|x,y,\lambda) = \tilde{P}_A(\alpha|x,y,\lambda) \tag{A.28}$$

を得る．したがって，$\tilde{P}_A(\alpha|x,y,\lambda)$ は $P(\alpha,\beta|x,y,\lambda)$ の周辺分布 $P_A(\alpha|x,y,\lambda)$ と一致することがわかる．ところが，アリスの選択独立性 (A.19) より，これは y には依存しないので $P_A(\alpha|x,\lambda)$ と書いてよい．これより $\tilde{P}_A(\alpha|x,y,\lambda) = P_A(\alpha|x,\lambda)$ を得るが，これは式 (A.27) がベルの局所性条件 (A.6) と一致することを示している． ■

他方，決定論の場合には出力独立性は自明になるため，

$$\text{局所性条件} \iff \text{選択独立性} \tag{A.29}$$

が成り立つことがわかる．

[証明] 決定論の要請を行うと，選択独立性から局所性条件が出ることを示せばよい．まず決定論の場合は，± 1 の値を取る関数 $\bar{\alpha}(x,y,\lambda)$, $\bar{\beta}(x,y,\lambda)$ を用いて同時確率分布は (A.5) の形に書けるのであった．他方，選択独立性 (A.19) および (A.20) より，$\bar{\alpha}(x,y,\lambda)$, $\bar{\beta}(x,y,\lambda)$ はそれぞれ y, x に依存しないから，結局，同時確率分布は局所性条件 (A.6) を満たす形になる． ■

これらの事実は，ジザンの自然観を隠れた変数の理論の枠組の中において理解する上で重要なヒントを与える．まず本書で鍵となっている概念は，遠隔地への瞬時の通信を許さないという要請である．したがって，選択独立性は欠かせない条件となる．

ところが，ここでさらに決定論を要請してしまうと，式 (A.29) より彼の要請はベルの局所性条件と等価になり，ベルの不等式が成り立ってしまう．実験的にベルの不等式の破れは検証されているので，選択独立性と決定論が両

立することはあり得ない．しかし，もしその代わりに本質的なランダム性を許す非決定論を受け容れるのであれば，話は変わってくる．実際，ベルの局所性は（選択独立性に加えて）出力独立性がなければ成り立たないから，非決定論の場合はベルの不等式は破れてもよく，実験結果と矛盾しない．出力独立性を満たさないことは，取りも直さず遠隔地で得られる2つの測定結果に相関があること —— つまり，非局所相関を意味する．そしてこのこと，すなわち「非決定論の下での非局所相関」が，ジザンの言う**非局所的なランダム性**に相当するものと解釈できよう．

結　語

この解説では，EPRパラドックスとベルの定理について，その導出に用いられた条件と帰結の論理構造を中心に述べてきた．またその中で，一般的な隠れた変数理論の視点から，ジザンの言う「非局所的なランダム性」とは何かについて分析した．その結果を要約すると，次のようになる．まず，ジザンの自然観の根底にある「遠隔地への瞬時の通信の不可能性」は，ジャレットの選択独立性の条件に相当する．ところが決定論を前提にして選択独立性を要請すると，ベルの局所性条件と等価になってしまう（式(A.29)）．したがって，自然界にはベルの局所性条件を満たさない量子もつれのような実験事実がある以上，選択独立性を尊重するならば、非決定論（真の偶然性の存在）を受容しなければならなくなる．さらに，(A.24) より，ベルの局所性条件と同等にならないためには出力独立性も成り立たないはずであり，これより相関の非局所性が示唆される．このように，ジザンの自然観は，より一般的な観点から，論理的な帰結として捉えることができるのである．

実際，量子力学を一般的な隠れた変数理論の一つと見なすと，それは選択独立性は満たすが，出力独立性は満たさないものになる．逆に，選択独立性は満たすものの出力独立性を満たさない隠れた変数理論が存在して，現実を記述し量子力学を補完する可能性も残されている．想像の翼には限界がないが，将来，非局所的なランダム性を受け容れた形で，アインシュタインも納得するような自然界の描像が姿を現すことがあるのかも知れない．

本稿における参考文献

[1] N. Gisin, *Non-realism: deep thought or a soft option?*, Found. Phys. **42**, 80-85 (2012).

[2] 筒井泉,『量子力学の反常識と素粒子の自由意志』(岩波科学ライブラリー, 2011);木村元, 量子力学に現れる非局所性の意味, 数理科学, 12 月号, 36-42 (2014).

[3] A. Pais, *Subtle is the Lord: The Science and the Life of Albert Einstein* (Oxford University Press, 1982);『神は老獪にして… アインシュタインの人と学問』(産業図書, 1987), 金子務, 太田忠之, 西島和彦, 岡村浩, 中沢宣也 共訳).

[4] A. Einstein, *Physik und Realität*, Journal of Franklin Institute **221**, 313 (1936);『科学者と世界平和』(講談社学術文庫, 2018, 井上健 訳, 所収).

[5] A. Einstein, B. Podolsky, N. Rosen, *Can Quantum-Mechanical Description of Physical Reality Be Considered Complete?*, Phys. Rev. **47**, 777-780 (1935).

[6] J. S. Bell, *Bertlmann's socks and the nature of reality*, Journal de Physique Colloques, **42**, C2, (1981), pp.C2-41-C2-62; 論文集 [7] にも再掲 (**16**, p. 139).

[7] J. S. Bell, *Speakable and unspeakable in Quantum Mechanics* (Cambridge University Press, 1987); ベルの論文集.

[8] N. Bohr, *Can Quantum-Mechanical Description of Physical Reality be Considered Complete?*, Phys. Rev. **48**, 696 (1935).

[9] J. S. Bell, *On the Einstein-Podolsky-Rosen paradox*, Physics **1**, 195-200 (1964); 論文集 [7] にも再掲 (**2**, p. 14).

[10] S. J. Freedman, J. F. Clauser, *Experimental test of local hidden-variable theories*. Phys. Rev. Lett. **28**, 938-941 (1972).

[11] J. F. Clauser, Oral History Interviews (2002), American Institute of Physics, https://www.aip.org/history-programs/niels-bohr-library/oral-histories/25096.

[12] A. Aspect, P. Grangier, G. Roger, *Experimental Tests of Realistic Local Theories via Bell's Theorem*, Phys. Rev. Lett. **47**, 460 (1981); A. Aspect, J. Dalibard, G. Roger, *Experimental Test of Bell's Inequalities Using Time-Varying Analyzers*, Phys. Rev. Lett. **49**, 1804 (1982).

[13] H. Stapp, *Bell's Theorem and World Process* **29B**, 270 (1975).

[14] J. von Neumann, *Mathematische Grundlagen der Quantenmechanik*, (J. Springer, 1932); 英訳版 *Mathematical foundations of quantum mechanics*, (Princeton University Press, 1955).

[15] D. Bohm, *A Suggested Interpretation of the Quantum Theory in Terms of 'Hidden' Variables, I and II*, Phys. Rev. **85**, 166 (1952).

[16] J. F. Clauser, M. A. Horne, A. Shimony, R. A. Holt, *Proposed experiment to test local hidden-variable theories*, Phys. Rev. Lett. **23**, 880-884 (1969).

[17] J. S. Bell, *Introduction to the hidden-variable question*, 49th International School of Physics "Enrico Fermi" : Foundations of quantum mechanics, Varenna, Italy,

171-181 (1970); 論文集 [7] にも再掲.

[18] A. Fine, *Hidden Variables, Joint Probability, and the Bell Inequalities*, Phys. Rev. Lett. **48**, 291 (1982).

[19] M. Giustina, *et al.*, *Significant-Loophole-Free Test of Bell's Theorem with Entangled Photons*, Phys. Rev. Lett. **115**, 250401 (2015); L. K. Shalm *et al.*, *Strong Loophole-Free Test of Local Realism*, Phys. Rev. Lett. **115**, 250402 (2015); The BIG Bell Test Collaboration, *Challenging local realism with human choices*, Nature **557**, 212 (2018).

[20] T. Scheidl, *et al.*, *Violation of local realism with freedom of choice*, PNAS **107**, 19708-19713 (2010).

[21] J.-Å. Larsson, *Loopholes in Bell inequality tests of local realism*, J. Phys. A: Math. Theor. **47**, 424003 (2014).

[22] J. P. Jarrett, *On the physical significance of the locality conditions in the Bell arguments*, Nous **18**, 569-589 (1984).

人名索引

索　引

ま　行

や　行

ら　行

【著者紹介】

ニコラ・ジザン　Nicolas Gisin

量子物理学者，ジュネーヴ大学名誉教授．量子テレポーテーションや量子暗号などの量子情報科学の第一人者であり，量子もつれを中心とした量子力学の基礎に関する研究でも有名．実験物理学と理論物理学の両方を研究する稀有な存在である．2009 年 ジョン・スチュワート・ベル賞受賞，2014 年「スイスのノーベル賞」と呼ばれるスイス科学賞受賞．

【訳者紹介】

木村 元（きむら　げん）

2004 年　早稲田大学大学院理工学研究科博士課程 修了
現　在　芝浦工業大学システム理工学部 教授
　　　　博士（理学）
専　門　量子基礎論，量子情報理論，一般確率論
主　著　“*Introduction to Quantum Information Science*”（共著，Springer, 2015）
　　　　『量子情報科学入門』（共著，共立出版，2012）
　　　　『マーミン 量子コンピュータ科学の基礎』（翻訳，丸善出版，2009）
　　　　ほか

筒井 泉（つつい　いずみ）

1988 年　東京工業大学大学院理学系研究科博士課程 修了
現　在　高エネルギー加速器研究機構素粒子原子核研究所 特別准教授
　　　　理学博士
専　門　量子基礎論，場の量子論，素粒子論
主　著　『量子力学の反常識と素粒子の自由意志』（岩波書店，2015）
　　　　『電磁場の発明と量子の発見』（丸善出版，2020）
　　　　『ジー先生の場の量子論 基礎編』（共訳，丸善出版，2020）　ほか

量子の不可解な偶然
—非局所性の本質と量子情報科学への応用—

〔原題：*L'Impensable Hasard: Non-localité, téléportation et autres merveilles quantiques*〕

2022 年 9 月 15 日　初版 1 刷発行
2023 年 2 月 20 日　初版 3 刷発行

検印廃止
NDC 421.3

ISBN 978–4–320–03622–2

著　者　ニコラ・ジザン

訳　者　木村 元・筒井 泉　

発行者　南條光章

発行所　**共立出版株式会社**

〒112–0006
東京都文京区小日向 4–6–19
電話　03–3947–2511（代表）
振替口座　00110–2–57035
URL www.kyoritsu-pub.co.jp

印　刷　藤原印刷
製　本　協栄製本

一般社団法人
自然科学書協会
会員

Printed in Japan